"校企合作+职业素养+能力提升" 系列教材

51 单片机原理及应用
一体化工作页

主　编　余向阳　覃婵娟
副主编　陆锡都　吴俊华　越小炯　黄冬梅　陈　就

电子工业出版社·
Publishing House of Electronics Industry
北京·BEIJING

内 容 简 介

本书主要介绍适合初学者使用的AT89S51单片机的基础知识及应用,并包含部分思政元素。本书的主要内容包括AT89S51单片机的基本结构、AT89S51单片机的存储系统、AT89S51单片机的并行I/O端口、51单片机最小系统、Keil μVision开发环境的搭建、Proteus仿真环境的建立、51单片机的中断系统、51单片机的通信功能、A/D转换与D/A转换,以及实训内容:流水灯的制作、51单片机的输入设备、数码管的使用、LCD1602的应用、LCD12864的应用、点阵的应用。

本书根据岗位需求及其典型工作任务编写而成,采用项目引领、任务驱动、实景操作教学模式,开展知识认知和技能训练,每个任务采用引导文的方式引导学习者在思考后加以实操,学习环节包括知识获取、技能操作、成果展示、学习评价。

本书可供职业院校机电技术应用专业、电气设备运行与控制专业及制冷和空调设备运行与维修专业的一年级学生或相关教育培训机构的初学学员使用。

图书在版编目(CIP)数据

51单片机原理及应用一体化工作页 / 余向阳,覃婵娟主编. —北京:电子工业出版社,2024.3
ISBN 978-7-121-47140-7

Ⅰ. ①5… Ⅱ. ①余… ②覃… Ⅲ. ①单片微型计算机 Ⅳ. ①TP368.1

中国国家版本馆CIP数据核字(2024)第013091号

责任编辑:张　凌
印　　刷:涿州市般润文化传播有限公司
装　　订:涿州市般润文化传播有限公司
出版发行:电子工业出版社
　　　　　北京市海淀区万寿路173信箱　　　　邮编　100036
开　　本:880×1230　　1/16　　印张:13.25　字数:356.16千字
版　　次:2024年3月第1版
印　　次:2025年1月第2次印刷
定　　价:39.00元

凡所购买电子工业出版社图书有缺损问题,请向购买书店调换。若书店售缺,请与本社发行部联系,联系及邮购电话:(010)88254888,88258888。

质量投诉请发邮件至zlts@phei.com.cn,盗版侵权举报请发邮件至dbqq@phei.com.cn。

本书咨询联系方式:(010)88254583,zling@phei.com.cn。

前　言

近年来，国家提出"教师、教材、教法"三教改革的任务，其中，教师是根本、教材是基础、教法是途径，它们是一个循环系统。国家还提出"谁来教，教什么，如何教"的教育根本问题，以培养适应行业、企业需求的复合型、创新型的高素质技能型人才。

编写适应时代发展的教材，对教学来说更容易实现三教改革的任务。在教法上，应使用理实一体化教学法、项目教学法、任务驱动法等教学方法进行授课，以学生为主体，教师着重引导，培养学生分析问题和解决问题的能力，同时激发他们的求知欲和探索精神。本书主要讲解 51 单片机的原理及应用，本书的授课对象是中职生。对中职生来说，"单片机原理及应用"这门课程学习起来相对困难，学生不但需要有较强的理解能力，而且需要有较强的动手能力，两者相结合才能较好地掌握单片机的相关知识与技能。由此，教师采用理实一体化的教学模式，在讲解原理之后，通过学习活动进行实践，能够使学生快速地消化所学的理论知识和操作技能，从而达到事半功倍的效果。

在本书中，我们将 Keil μVision4 软件作为编程与编译的工具，将 Proteus7.8 软件作为仿真软件，再将 51 单片机开发硬件作为验证设备，通过"编程—编译—仿真—下载—观察结果—编程"这样的循环顺序进行教学。本书的学习内容丰富，可提高学生的学习效率。

本书共有十六个任务，根据学习内容的多少和难易程度，每个任务又设计了 1～3 个学习活动，学习活动之间在难度上存在递进关系。具体的建议教学课时如下所示。

序　号	任 务 名 称	学习活动个数	建议教学课时
1	任务一　AT89S51 单片机的基本结构	1	2
2	任务二　AT89S51 单片机的存储系统	1	2
3	任务三　AT89S51 单片机的并行 I/O 端口	1	2
4	任务四　51 单片机最小系统	1	2
5	任务五　Keil μVision 开发环境的搭建	2	4
6	任务六　Proteus 仿真环境的建立	2	4
7	任务七　流水灯的制作	2	4
8	任务八　51 单片机的输入设备	2	4
9	任务九　数码管的使用	2	4
10	任务十　LCD1602 的应用	2	4

续表

序　号	任 务 名 称	学习活动个数	建议教学课时
11	任务十一　LCD12864 的应用	3	6
12	任务十二　点阵的应用	3	6
13	任务十三　51 单片机的中断系统	3	6
14	任务十四　51 单片机的通信功能	3	6
15	任务十五　A/D 转换与 D/A 转换	2	4
16	任务十六　时间片轮询结构	2	4
	合计	32	64

本书任务一、任务二由陆锡都编写，任务三由吴俊华编写，任务四由越小炯编写，任务五由黄冬梅编写，任务六由陈就编写，任务七至任务十二由覃婵娟编写，任务十三至任务十六由余向阳编写，全书由余向阳进行统稿与审定。由于编者水平有限，书中难免存在疏漏之处，敬请广大读者批评指正。

编　者

目 录

任务一 AT89S51单片机的基本结构

 任务目标

1. 掌握 AT89S51 单片机内部部件的名称。
2. 掌握 AT89S51 单片机内部部件的作用。

任务内容

一、什么是单片机

单片机（Single Chip Microcomputer）是一种集成电路芯片，采用超大规模集成电路技术把具有数据处理能力的中央处理器（CPU）、数据存储器（RAM）、程序存储器（ROM）、多种 I/O 端口和中断系统、定时器/计数器等功能（可能还包括显示驱动电路、脉宽调制电路、A/D 转换电路、D/A 转换电路等）集成到一块硅片上构成的一个小而完善的微型计算机系统。单片机的内部结构示意图如图 1-1 所示。单片机在工业控制领域广泛应用。单片机又称单片微控制器，它不是完成某一个逻辑功能的芯片，而是把一个计算机系统集成到一个芯片上，相当于一个微型的计算机，和计算机相比，单片机只缺少了 I/O 设备。单片机的体积小、质量轻、价格便宜，为学习、应用和开发提供了便利条件。

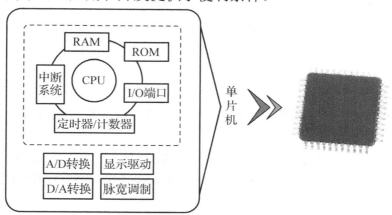

图 1-1 单片机的内部结构示意图

二、适合初学者学习的 AT89S51 单片机

51 系列单片机的电路结构简单，程序功能易于实现，且五脏俱全、功能经典，是初学者学习的首选。AT89S51 单片机是美国 Atmel 公司生产的低功耗、高效能的 COMS 8 位 51 系列单片机，片内含有 4KB 的可在系统编程（In-System Programming，ISP）的 Flash 只读程序存储器。器件采用 Atmel 公司的高密度、非易失性存储技术生产，兼容标准 MSC-51 指令系统及 80C51 引脚结构，如图 1-2 所示为 AT89S51 单片机的内部结构。AT89S51 单片机功能强大，可为许多嵌入式控制应用系统提供优质的解决方案。

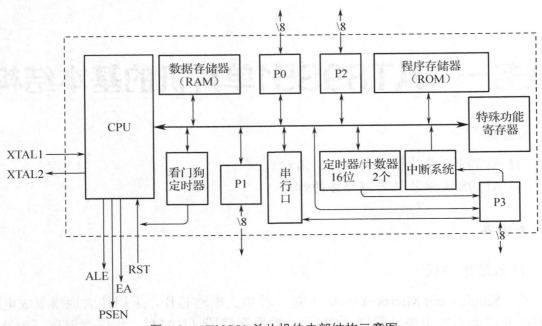

图 1-2　AT89S51 单片机的内部结构示意图

1. AT89S51 单片机包含的功能部件及特性

（1）8 位中央处理器（CPU）。

（2）数据存储器（128B RAM）。

（3）程序存储器（4KB Flash ROM）。

（4）4 个 8 位可编程并行 I/O 端口（P0 口、P1 口、P2 口和 P3 口）。

（5）1 个通用的全双工的异步收发串行口（UART）。

（6）2 个可编程的 16 位定时器/计数器。

（7）1 个看门狗定时器（WDT）。

（8）中断系统具有 5 个中断源、5 个中断向量。

（9）26 个特殊功能寄存器。

（10）低功耗节电模式有空闲模式和掉电模式，且具有掉电模式下的中断恢复模式。

（11）3 个程序加密锁定位。

　　AT89S51 单片机片内的各部件通过片内单一总线连接在一起，其基本结构依旧是 CPU 加上外围芯片的传统微型计算机结构模式，但 CPU 对各种外围部件的控制采用特殊功能寄存器（Special Function Register，SFR）的集中控制方式。

2. AT89S51 单片机片内的各个功能部件介绍

　　（1）CPU（中央处理器）：AT89S51 单片机中有 1 个 8 位的 CPU，这个 CPU 包括了运算器和控制器两大部分，此外还有面向控制的位处理和位控功能。

　　（2）数据存储器（RAM）：又称随机存储器。AT89S51 单片机片内 RAM 为 128B（增强型的 52 子系列为 256B），片外最多可以外扩 64KB。片内 128B 的 RAM 以高速 RAM 的形式集成在单片机内，可以加快单片机运行的速度，而且这种结构的 RAM 还可以降低功耗。

　　（3）程序存储器（Flash ROM）：又名只读存储器，它用来存储程序。AT89S51 单片机片内集成了 4KB 的 Flash 存储器（AT89S52 单片机片内则集成了 8KB 的 Flash 存储器，AT89S55 单片机片内集成了 20KB 的 Flash 存储器），如果片内 ROM 容量不够，片外最多可以外扩至 64KB。

（4）中断系统：具有 5 个中断源，2 级中断优先权。

（5）定时器/计数器：AT89S51 单片机片内有 2 个 16 位的定时器/计数器（增强型的 52 子系列有 3 个 16 位的定时器/计数器），具有 4 种工作方式。

（6）看门狗定时器（WDT）：当 CPU 由于干扰导致程序陷入"死循环"或"跑飞"状态时，WDT 可以使单片机复位，使程序恢复正常运行。

（7）串行口：1 个通用的全双工的异步收发串行口（UART），具有 4 种工作方式。可以进行串行通信，扩展并行 I/O 端口，还可以与多个单片机相连构成多机系统。

（8）4 个 8 位可编程并行 I/O 端口：P0 口、P1 口、P2 口和 P3 口。

（9）特殊功能寄存器（SFR）：AT89S51 单片机共有 26 个 SFR，用于 CPU 对片内各个功能部件进行管理、控制和监视。SFR 实际上是片内各个功能部件的控制寄存器和状态寄存器，这些 SFR 映射在片内 RAM 区 0x80～0xFF 的地址区间内。

AT89S51 单片机完全兼容 AT89C51 单片机。在充分保留原来软、硬件的条件下，使用 AT89C51 单片机的系统完全可以用 AT89S51 单片机直接代换。

3．AT89S51 单片机各引脚的功能

AT89S51 单片机的引脚图如图 1-3 所示。

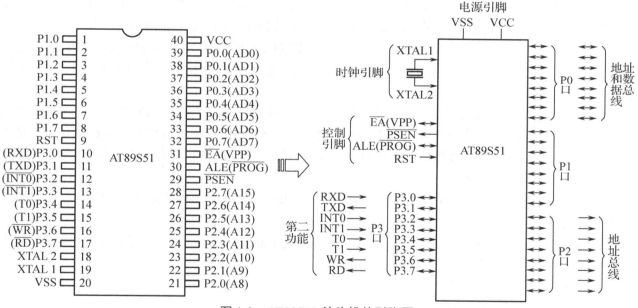

图 1-3　AT89S51 单片机的引脚图

AT89S51 单片机的 40 个引脚按功能可以分为如下 3 类。

① 电源及时钟引脚：VCC、VSS；XTAL1、XTAL2。

② 控制引脚：$\overline{PSEN}$、ALE、$\overline{EA}$、RST。

③ 并行 I/O 端口引脚：P0 口、P1 口、P2 口与 P3 口，为 4 个 8 位并行 I/O 端口的外部引脚。

结合图 1-3 介绍各引脚的功能。

（1）电源及时钟引脚。

① 电源引脚。

VCC（引脚 40）：AT89S51 单片机电源正端输入，接+5V 电源。

VSS（引脚 20）：接电源地端。

② 时钟引脚。

XTAL1（引脚 19）：片内振荡器的反相放大器和外部时钟发生器的输入端。当使用片内振荡器时，该引脚外接石英晶体和微调电容。当使用外部时钟源时，该引脚接外部时钟振荡器的信号。

XTAL2（引脚 18）：片内振荡器的反相放大器输出端。当使用片内振荡器时，该引脚连接外部石英晶体和微调电容。当使用外部时钟源时，该引脚悬空。

一般在设计上，只要在 XTAL1 和 XTAL2 上接上一个石英振荡晶体，单片机系统就可以工作了。此外，需要在两个引脚与地之间加入一个 20～30pF 的小电容，可以使系统更加稳定，避免噪声干扰而死机。

（2）控制引脚。

① RST（引脚 9）：复位信号输入端，高电平有效。当要重置单片机时，只要将此引脚的电平提升至高电平并保持两个机器周期以上的时间，就可以使单片机复位。在单片机正常工作时，此引脚的电平应为小于或等于 0.5V 的低电平。当看门狗定时器溢出输出时，该引脚将输出长达 96 个时钟振荡周期的高电平。

② $\overline{EA}$ (VPP)（引脚 31）：EA 为 "External Access" 的缩写，表示外部 ROM 访问允许控制端。

当 $\overline{EA}$ =1 时，在单片机片内的 PC（程序计数器）值不超出 0x0FFF（片内的 4KB Flash 存储器的最大地址）时，单片机读取片内 ROM（4KB）中的程序代码，当 PC 值超出 0x0FFF 时，单片机将自动转向读取片外 60KB（0x1000～0xFFFF）ROM 中的程序代码。

当 $\overline{EA}$ =0 时，只读取外部 ROM 中的内容，读取的地址范围为 0x0000～0xFFFF，片内的 4KB Flash 存储器不起作用。一般情况下，因为程序都使用单片机内部的 ROM，所以该引脚直接接到+5V 电源。

VPP 为该引脚的第二个作用，在对片内的 Flash 存储器进行编程时，VPP 引脚接入编程电压。

③ ALE($\overline{PROG}$)（引脚 30）：ALE 是 "Address Latch Enable" 的缩写，ALE 的功能是为 CPU 访问外部 ROM 或外部 RAM 提供低 8 位地址锁存信号，将单片机 P0 口发出的低 8 位地址锁存在片外地址锁存器中。

$\overline{PROG}$ 为该引脚的第二个作用，在对片内的 Flash 存储器进行编程时，此引脚作为编程脉冲输入端。

④ $\overline{PSEN}$（引脚 29）：PSEN 为 "Program Store Enable" 的缩写，$\overline{PSEN}$ 的功能是为片内或片外 ROM 提供读选通信号，低电平有效。

（3）并行 I/O 端口引脚。

① P0 口：引脚 P0.7～P0.0。

P0 口是漏极开路的双向 I/O 端口，共有 8 位，P0.0 表示位 0，P0.1 表示位 1，以此类推。当 AT89S51 单片机扩展外部存储器及 I/O 端口接口芯片时，P0 口作为地址总线（低 8 位）及数据总线的分时复用端口。

P0 口也可以作为通用 I/O 端口使用，但需要加上拉电阻，这时 P0 口为准双向 I/O 端口。P0 口可以驱动 8 个 LS 型 TTL 负载。

② P1 口：引脚 P1.7～P1.0。

P1 口是准双向 I/O 端口，具有内部上拉电阻，可以驱动 4 个 LS 型 TTL 负载。

P1 口是完全可以提供给用户使用的准双向 I/O 端口。

P1.5/MOSI、P1.6/MISO 和 P1.7/SCK 也可以用于对片内 Flash 存储器的串行编程和校验，它们分别是串行数据输入、串行数据输出和位移脉冲引脚。

③ P2 口：引脚 P2.7～P2.0。

P2 口是准双向 I/O 端口，具有内部上拉电阻，可以驱动 4 个 LS 型 TTL 负载。

当 AT89S51 单片机扩展外部存储器及 I/O 端口时，P2 口作为高 8 位地址总线使用，输出高 8 位地址。P2 口也可以作为通用的 I/O 端口使用。

④ P3 口：引脚 P3.7～P3.0。

P3 口是准双向 I/O 端口，具有内部上拉电阻。P3 口可以驱动 4 个 LS 型 TTL 负载。P3 口也可以作为通用的 I/O 端口使用。P3 口还提供第二功能，P3.7～P3.0 引脚功能表如表 1-1 所示。

表 1-1　P3.7～P3.0 引脚功能表

引　　脚	第二功能	说　　明
P3.0	RXD	串行数据输入口
P3.1	TXD	串行数据输出口
P3.2	$\overline{INT0}$	外部中断 0 输入
P3.3	$\overline{INT1}$	外部中断 1 输入
P3.4	T0	定时器 0 外部计数输入
P3.5	T1	定时器 1 外部计数输入
P3.6	$\overline{WR}$	外部 RAM 的写选通控制信号
P3.7	$\overline{RD}$	外部 RAM 的读选通控制信号

综上所述，P0 口作为地址总线（低 8 位）及数据总线使用时，为双向 I/O 端口。而 P1 口、P2 口、P3 口均为准双向 I/O 端口。

4．AT89S51 单片机程序的下载方法

AT89S51 单片机可以通过串口下载程序，只需要 3 个引脚（P1.5/MOSI、P1.6/MISO、P1.7/CLK）即可下载。通用下载电路如图 1-4 所示。

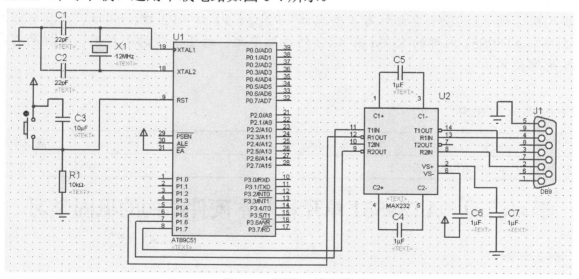

图 1-4　通用下载电路

注：① 此电路图由仿真软件绘制，单片机芯片引脚标注和图 1-3 中的略有不同，后同。

② 本书采用 Proteus 7.8 版本的电路仿真软件绘制仿真电路图，在该软件版本中没有 AT89S51 模型，只有 AT89C51 模型。由于这两种单片机内部资源几乎一样，程序完全兼容，只是下载程序时的方法不一样。因此，本书的仿真电路图中使用 AT89C51 代替 AT89S51。

DB9 是计算机的串口，经过一个 MAX232 芯片转接到引脚 P1.5、引脚 P1.6 和引脚 P1.7。另外，在程序下载时，引脚 RST 要一直接高电平。通过计算机端的下载软件即可下载。计算机端的下载软件有很多，选择自己喜欢的一款就可以了。

常见的计算机端下载软件有 Easy 51Programmer，如图 1-5 所示。

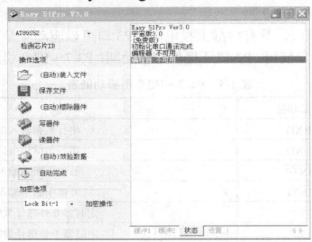

图 1-5　Easy 51Programmer 界面

小结

单片机是一种常用的控制芯片，在生产时，这种芯片的内部是没有程序的，要应用它，就要通过以下步骤实现。

（1）在计算机端用单片机开发软件编写调试好程序，并把程序编译成.hex 或.bin 文件。

（2）通过下载器把.hex 或.bin 文件写入单片机的 ROM 中，给单片机提供运行条件，单片机就可以执行编写的程序并实现自动控制了。

我们所学的 AT89S51 单片机有 4 个端口：P0 口、P1 口、P2 口、P3 口，总共可以控制 32 个引脚，AT89S51 内部的 ROM 有 4KB 的存储单元，对于一般的小应用，这样的存储空间已经足够使用。

 学习流程与活动

学习内容与活动	建议学时
AT89S51 单片机基本硬件结构的巩固学习	2

学习活动　AT89S51 单片机基本硬件结构的巩固学习

 学习目标

1. 掌握 AT89S51 单片机的内部结构。
2. 掌握 AT89S51 单片机 4 个端口的特点。

 建议学时

2 学时

学习准备

准备好铅笔、白纸等文具。

学习过程

1．为了巩固已学知识，请在下面的白色框中重新绘制图 1-2，并记录 AT89S51 单片机内部各个模块的作用。

2．请把 AT89S51 单片机的 4 个端口的异同写在下面的空白框内。

评价与分析

通过学习 AT89S51 单片机的内部结构和 AT89S51 单片机 4 个端口的特点，开展自评和教师评价，填写表 1-2。

表 1-2　活动过程评价表

班　　级		姓　　名		学　　号		日　　期	
序　　号	评价要点			配分/分	自　评	教师评价	总　评
1	掌握单片机的概念			10			
2	能够正确绘制 AT89S51 单片机的内部结构图			10			
3	能够正确理解 AT89S51 单片机 4 个端口的异同			10			A
4	掌握 AT89S51 单片机内部各部件的基本作用			10			B
5	理解 AT89S51 单片机内部各部件的工作机制			10			C
6	掌握 AT89S51 单片机的特点			10			D
7	掌握 AT89S51 单片机的程序下载电路			10			
8	掌握 P3 口的第二功能名称			10			

序 号	评价要点	配分/分	自 评	教师评价	总 评
9	掌握各控制引脚的功能与作用	10			A
10	能够与同组成员共同完成任务	10			B
小结与建议		合计	100		C
					D

注：总评档次分配包括 0～59 分（D 档）；60～74 分（C 档）；75～84 分（B 档）；85～100 分（A 档）。
根据合计的得分，在相应的档次上打钩。

任务二 AT89S51单片机的存储系统

 任务目标

1. 掌握单片机存储系统的分类。
2. 掌握单片机存储系统的作用。
3. 能够理解单片机的控制过程。

任务内容

AT89S51单片机的存储器结构为哈佛结构，即ROM空间和RAM空间是各自独立的。AT89S51单片机是如何运行程序的呢？

（1）单片机要有一个位置存储程序，这个位置就是ROM。程序指令都是逐条存储在ROM中的。

（2）程序是顺序执行的，即程序指令逐条执行，每执行一条指令都需要计数（做好标记），这个计数的部件就是程序计数器（PC），它的内容就是当前执行的指令地址。程序开始执行时，都是从地址0开始执行的。单片机复位后就从地址0开始执行程序。

（3）在程序运行过程中，有各种运算，运算中产生的数据即临时数据，临时数据被存放在数据存储器中。数据存储器可以随机存取，因此也称随机存储器。

（4）在程序运行过程中，通过设置SFR来控制内部或外部的元件，从而实现自动控制。

以上就是单片机运行程序的基本过程，该过程离不开存储器。

AT89S51单片机的存储器可以被划分为以下两类。

一、程序存储器（ROM）

ROM用于存放程序和表格之类的固定常数。单片机能够按照一定的次序工作，是由于ROM中存放了经调试正确的程序。ROM可以分为片内和片外两部分。

AT89S51单片机的片内ROM为4KB的Flash存储器，地址范围为0x0000～0x0FFF。编程和擦除完全是通过电气实现的，且速度快。我们可使用编程器对其编程，也可在线编程。在使用AT89S51单片机时，先使用计算机端软件（一般用Keil μVision 3以上版本的软件）编写好程序，并将程序编译成.hex文件，然后通过下载软件将.hex文件下载到AT89S51单片机的ROM中。

当AT89S51单片机片内的4KB的Flash存储器不够用时，用户可以在片外扩展ROM。ROM最多可以被扩展至64KB，它的地址范围为0x0000～0xFFFF。但一般不对ROM进行扩展，我们可以换一个ROM更大的单片机，这样可以使问题简单化。ROM的结构示意图如图2-1所示。

片内与片外扩展的ROM在使用时应注意以下问题。

整个ROM空间可分为片内和片外两部分，CPU究竟是访问片内的还是片外的ROM，由EA引脚上所接的电平确定。

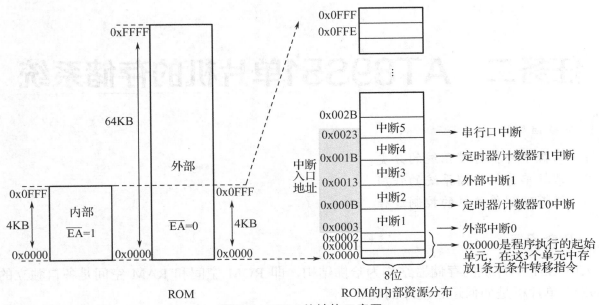

图 2-1 ROM 的结构示意图

当 $\overline{EA}$=1，程序计数器（PC）值≤0xFFF（为片内 4KB Flash 存储器的最大地址）时，CPU 只读取片内的 Flash 存储器中的程序代码；当程序计数器（PC）值>0x0FFF 时，CPU 会自动转向读取片外 ROM 空间 0x1000～0xFFFF 内的程序代码。

当 $\overline{EA}$=0 时，CPU 会读取片外 ROM（地址范围为 0x0000～0xFFFF）中的程序代码。CPU 不理会片内 4KB（地址范围为 0x0000～0x0FFF）的 Flash 存储器。

图 2-1 所示的 ROM 的某些单元被固定用于各中断源的中断服务程序的入口地址。

64KB ROM 空间中有 5 个特殊单元分别对应 5 个中断源的中断服务子程序的中断入口地址，如表 2-1 所示。

表 2-1 中断源

中　断　源	入口地址
外部中断 0	0x0003
定时器/计数器 T0 中断	0x000B
外部中断 1	0x0013
定时器/计数器 T1 中断	0x001B
串行口中断	0x0023

通常这 5 个中断入口地址都存放一条跳转指令，用于跳向对应的中断服务子程序，而不是直接存放中断服务子程序。

片内 4KB ROM 的内部资源分布如图 2-1 右侧所示，此图中需要特别注意以下两个地方。

（1）最前面的 3 字节（0x0000、0x0001 和 0x0002）存放 1 条无条件转移指令。

程序是从地址 0x0000 开始执行的。在这 3 字节存放 1 条无条件转移指令，跳到主程序去执行。如果使用汇编语言进行编程，那么必须注意这个问题。

例如，

```
ORG 0000H
LJMP MAIN
ORG 0030H
MAIN:MOV 30H,#0FEH
MOV 31H,01H
MOV 32H,#55H
...
```

ORG 0000H 这条语句是定位到 ROM 的地址 0x0000 的。LJMP MAIN 这条语句是 1 条无条件转移指令，它被存放于地址 0x0000 中。在 LJMP MAIN 中，MAIN 是主程序的标号，执行这条指令的意思是无条件跳到 MAIN 处执行。而 MAIN 处在哪里呢？

```
ORG 0030H
MAIN:MOV 30H,#0FEH
```

ORG 0030H 是指定位到地址 0x0030，这个地址存放的指令是 MOV 30H,#0FEH。MOV 30H,#0FEH 前面有个标号 MAIN，这里就是主程序的入口。

从 0x0000 到 0x0030，中间跳过了 46 字节的存储空间。是不是要跳过这么多的字节空间呢？后面我们再讨论。

（2）中断向量入口地址。

AT89S51 单片机有 5 个中断源，分别是外部中断 0、外部中断 1、定时器/计数器 T0 中断、定时器/计数器 T1 中断、串行口中断。对于每一个中断源，单片机都安排了一个中断入口地址。也就是说，当发生中断时，单片机会找到相应的中断入口地址，并从此地址开始运行中断程序。不过我们看到中断入口地址连续的空间并不多，如图 2-2 所示。

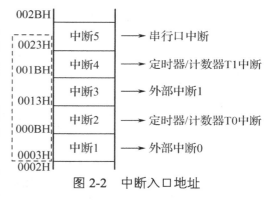

图 2-2　中断入口地址

从图 2-2 中可以看到，每个中断入口地址之间只有 8 字节的存储空间，这 8 字节的存储空间在很多情况下是装不下中断服务程序的，所以这 8 字节的存储空间只能用来存放 1 条无条件跳转语句，通过跳转到真正存放中断服务程序的存储空间去执行。

上面提出的问题，从 0x0000 地址到主程序 MAIN 的入口，到底要跳过多少字节的存储空间？这里主要看使用的单片机到底有多少个中断向量的入口地址，只要跳过这些中断入口地址即可。比如 ORG 0030H 可以改为 ORG 002BH，地址 002BH 就是串行口中断入口地址后续的第一个地址，对这个地址并没有特殊的要求，由此可以从这里放置主程序，当然了，地址 002BH 之后的地址都可以存放主程序，只要单片机的 4KB 字节能装得下我们的程序就可以。

上面是以汇编语言编程为例进行说明的，如果采用 C 语言进行编程，那么还需要注意这些问题吗？答案是不需要，因为 C 语言的编译器会帮我们解决这些问题，我们只需要专注于程序的编写即可。

二、数据存储器（RAM）

RAM 总共有 256 字节，分为低 128 字节与高 128 字节，同时，根据 RAM 的位置还可以将 RAM 分为片内和片外两部分。

1. 片内 RAM（低 128 字节）

AT89S51 单片机内部有 128 字节的 RAM，用来存放可读/写的数据。片内 RAM 共有 128 个单元，字节地址为 0x00～0x7F。AT89S51 单片机片内 RAM 的结构表如表 2-2 所示，内部 RAM 的结构图如图 2-3 所示。

表 2-2　AT89S51 单片机片内 RAM 的结构表

地址范围	分配区域
0x30～0x7F	用户 RAM 区（堆栈区、数据缓冲区）
0x20～0x2F	可位寻址区
0x18～0x1F	第 3 组工作寄存器区
0x10～0x17	第 2 组工作寄存器区
0x08～0x0F	第 1 组工作寄存器区
0x00～0x07	第 0 组工作寄存器区

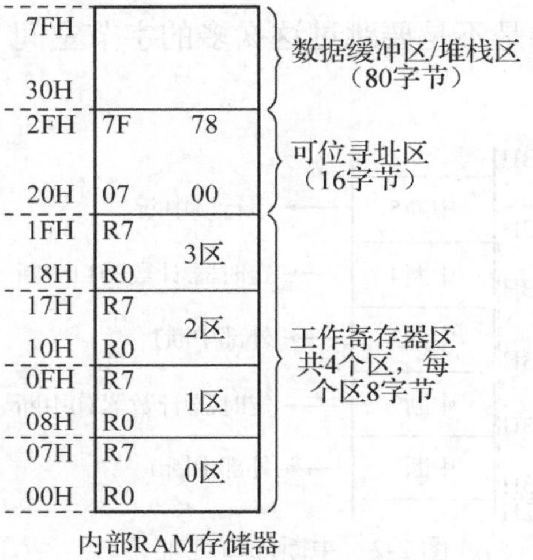

内部 RAM 存储器
图 2-3　内部 RAM 的结构图

地址为 0x00～0x1F 的 32 个单元是 4 组通用工作寄存器区，每个区包含 8 字节的工作寄存器，编号为 R7～R0。

0x20～0x2F 的 16 个单元的 128 位可进行位寻址，也可进行字节寻址。

0x30～0x7F 的单元只能进行字节寻址，用作存储数据及作为堆栈区。

注：在汇编语言中，十六进制数的后缀为 H；在 C 语言中，十六进制数的前缀为 0x。在上述表示地址时，比如 20H 与 0x20 是同一个十六进制数。

2. 片内 RAM（特殊功能寄存器）（高 128 字节）

AT89S51 单片机片内共有 26 个 SFR，如表 2-3 所示。SFR 实际上是各外围部件的控制寄存器及状态寄存器，综合反映了整个单片机系统内部实际的工作状态及工作方式，即通过操作以上的 SFR 来实现程序的运行，从而控制外部元件的工作，实现自动控制。

表 2-3　SFR 的名称及其分布

序　号	SFR 符号	名　称	字节地址	位　地　址	复　位　值
1	P0	P0 口寄存器	80H	87H～80H	FFH
2	SP	堆栈指针	81H	—	07H
3	DP0L	数据指针 DPTR0 低字节	82H	—	00H
4	DP0H	数据指针 DPTR0 高字节	83H	—	00H
5	DP1L	数据指针 DPTR1 低字节	84H	—	00H
6	DP1H	数据指针 DPTR1 高字节	85H	—	00H
7	PCON	电源控制寄存器	87H	—	0xxx 0000B
8	TCON	定时器/计数器控制寄存器	88H	8FH～88H	00H
9	TMOD	定时器/计数器方式控制寄存器	89H	—	00H
10	TL0	定时器/计数器 0（低字节）	8AH	—	00H

续表

序　号	SFR 符号	名　　称	字节地址	位　地　址	复　位　值
11	TL1	定时器/计数器 1（低字节）	8BH	—	00H
12	TH0	定时器/计数器 0（高字节）	8CH	—	00H
13	TH1	定时器/计数器 1（高字节）	8DH	—	00H
14	AUXR	辅助寄存器	8EH	—	xxx0 0xx0B
15	P1	P1 口寄存器	90H	97H～90H	FFH
16	SCON	串行控制寄存器	98H	9FH～98H	00H
17	SBUF	串行发送数据缓冲器	99H	—	xxxx xxxxB
18	P2	P2 口寄存器	A0H	A7H～A0H	FFH
19	AUXR1	辅助寄存器	A2H	—	xxxx xxx0B
20	WDTRST	看门狗复位寄存器	A6H	—	xxxx xxxxB
21	IE	中断允许控制寄存器	A8H	AFH～A8H	0x00 0000B
22	P3	P3 口寄存器	B0H	B7H～B0H	FFH
23	IP	中断优先级控制寄存器	B8H	BFH～B8H	xx00 0000B
24	PSW	程序状态字寄存器	D0H	D7H～D0H	00H
25	A（或 ACC）	累加器	E0H	E7H～E0H	00H
26	B	B 寄存器	F0H	F7H～F0H	00H

AT89S51 单片机中的 SFR 的单元地址映射在片内 RAM 区的 0x80～0xFF 区域中，共有 26 个，单元地址离散地分布在该区域中。其中，有些 SFR 可进行位寻址，其位地址已在表中列出。

与 AT89C51 单片机相比，AT89S51 单片机新增加了 5 个 SFR：DP1L、DP1H、AUXR、AUXR1 和 WDTRST。

从表 2-3 中可以发现，凡是可进行位寻址的 SFR，其字节地址的末位只能是 0x0 或 0x8，即能够被 8 整除的地址是可进行位寻址的，其他的不可以，如图 2-4 所示。

另外，若 CPU 读/写没有定义的单元，则将得到一个不确定的随机数。

3．片外 RAM

当 AT89S51 单片机的片内 RAM 不够用时，可在片外扩展最多 64KB 的 RAM，具体扩展多少 RAM，由用户根据实际需要来定。

注意：片内 RAM 与片外 RAM 两个空间是相互独立的，片内 RAM 与片外 RAM 的低 128 字节地址是相同的，但由于使用的是不同的访问指令，因此不会发生冲突。

4．位地址空间

AT89S51 单片机内共有 211 个可寻址位，这些可寻址位构成了位地址空间。可寻址位位于片内 RAM 区（片内 RAM 区字节地址为 0x20～0x2F，共计 128 位）和特殊功能寄存器区（片内 RAM 区字节地址为 0x80～0xFF，共计 83 位）。

可位寻址，即可以操作字节中的每一个二进制位。16 字节总共可以有 128 个二进制位可以操作。一般在定义一些标志位变量（用关键字 bit 定义的变量）时，标志位变量都可以存储在位地址空间中。

Table 5-1.   AT89S51 SFR Map and Reset Values

0F8H								0FFH
0F0H	B 00000000							0F7H
0E8H								0EFH
0E0H	ACC 00000000							0E7H
0D8H								0DFH
0D0H	PSW 00000000							0D7H
0C8H								0CFH
0C0H								0C7H
0B8H	IP xx000000							0BFH
0B0H	P3 11111111							0B7H
0A8H	IE 0x000000							0AFH
0A0H	P2 11111111		AUXR1 xxxxxxx0				WDTRST xxxxxxxx	0A7H
98H	SCON 00000000	SBUF xxxxxxxx						9FH
90H	P1 11111111							97H
88H	TCON 00000000	TMOD 00000000	TL0 00000000	TL1 00000000	TH0 00000000	TH1 00000000	AUXR xxx00xx0	8FH
80H	P0 11111111	SP 00000111	DP0L 00000000	DP0H 00000000	DP1L 00000000	DP1H 00000000		PCON 0xxx0000	87H

图 2-4   SFR 的分布图

数据缓冲区/堆栈区有 80 字节，这些空间就是我们定义的各种变量的存储空间，这些空间是可以自由使用的。

总结以上内容可以知道，在低 128 字节的存储空间中，真正能够被用户自由使用的就是数据缓冲区与位寻址区，共 96 字节。这 96 字节够用了吗？对于不算复杂的程序已经足够用了。如果不够用怎么办？只有外接 RAM 了。不过外接 RAM 芯片，会占用很多的 I/O 端口，一般都不用外接 RAM 芯片，我们只需要更换内部有更大空间的 RAM 的单片机即可，这样既节省成本，又方便使用，更不会占用 I/O 端口。现在有些增强型 51 单片机内部的 RAM 可以达到 1KB 以上的空间，这已经足够使用了。

 学习流程与活动

学习内容与活动	建议学时
AT89S51 单片机内部存储空间的巩固学习	2

学习活动   AT89S51 单片机内部存储空间的巩固学习

 学习目标

1. 掌握 AT89S51 单片机内部存储器的基本结构。

2．掌握 AT89S51 单片机各特殊功能寄存器的作用。

建议学时

2 学时

学习准备

准备好铅笔、白纸等文具。

学习过程

1．在下面的空白框中绘制图 2-1，并记牢相关知识。

2．抄写 AT89S51 单片机的特殊功能寄存器，并记牢它们的作用。

3．简单描述 AT89S51 单片机的工作过程。

评价与分析

　　通过学习 AT89S51 单片机内部存储器的基本结构，掌握 AT89S51 单片机各特殊功能寄存器的作用，开展自评和教师评价，填写表 2-4。

表 2-4 活动过程评价表

班　级		姓　名		学　号			日　期	
序　号	评价要点				配分/分	自　评	教师评价	总　评
1	理解 AT89S51 单片机内部存储器的分类				10			
2	理解 AT89S51 单片机 RAM 的作用				10			
3	理解 AT89S51 单片机 ROM 的作用				10			
4	掌握字节寻址与位寻址的不同				10			A
5	掌握 AT89S51 单片机的位寻址区				10			B
6	掌握 AT89S51 单片机的工作寄存器区				10			C
7	掌握各寄存器的名称和基本作用				10			D
8	掌握 $\overline{\text{EA}}$ 引脚的作用				10			
9	掌握自定义变量存储的区域				10			
10	能够与同组成员共同完成任务				10			
小结与建议				合计	100			

注：总评档次分配包括 0～59 分（D 档）；60～74 分（C 档）；75～84 分（B 档）；85～100 分（A 档）。
根据合计的得分，在相应的档次上打钩。

任务三 AT89S51单片机的并行I/O端口

 任务目标

1. 掌握51单片机I/O端口的性能指标。
2. 掌握51单片机I/O端口的驱动原理。
3. 能够简单应用单片机的8位I/O端口。

 任务内容

AT89S51单片机共有4个准双向的8位并行I/O端口，即P0～P3口，4个端口除了可以按字节输入/输出，还可以按位寻址，以便实现按位控制的功能。P0～P3口是单片机的I/O端口，也是单片机控制外围电路的通道。

一、I/O端口概述

（1）可以将"0"与"1"转换为电压信号的端口。

（2）单片机中最常用的TTL电平：0V代表"0"，+5V代表"1"。

（3）AT89S51单片机有4个8位I/O端口：P0口、P1口、P2口、P3口。

二、I/O端口的性能指标

（1）灌电流能力：能够流入I/O端口的最大电流（能够流入AT89S51单片机I/O端口的最大电流为10mA）。

（2）拉电流能力：能够从I/O端口流出的最大电流（能够从AT89S51单片机I/O端口流出的最大电流<10μA）。

（3）是否有上拉电阻或下拉电阻。

（4）最大输入电压。

三、输出状态I/O寄存器设置

将Px的某一位置1或置0，对应I/O端口引脚的电平为高电平或低电平（1对应高电平，0对应低电平）。

在读取Px的某一位之前，要先向该位写入1（汇编语言需要进行此步操作，C语言编译器会自动完成此步，C语言编程可省略此步骤），然后读回数据，真实反映该位I/O端口的输入状态。

四、I/O端口的操作

（1）将某一位置1（相应位与1进行按位或运算）。

（2）将某一位置0（相应位与0进行按位与运算）。

（3）将某一位取反（相应位与1进行按位异或运算）。

（4）特有的位操作关键字：sbit。

五、I/O 端口的驱动

1．输出驱动

AT89S51 单片机的 4 个端口分别是 P0 口、P1 口、P2 口、P3 口，特殊功能寄存器也有 4 个，分别是 P0、P1、P2、P3。AT89S51 单片机的 4 个端口图如图 3-1 所示。4 个端口和寄存器有关系吗？有关系，是一一对应的关系。

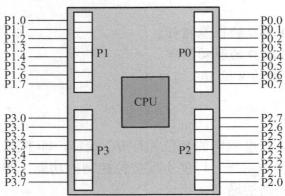

图 3-1　AT89S51 单片机的 4 个端口图

内部的寄存器与 I/O 端口是一一对应的。每个寄存器是 1 字节，有 8 个二进制位，而每个 I/O 端口也有 8 个引脚，这些引脚与二进制位是一一对应的。

每个二进制位只有两个值：0 或 1。对应的输出就是低电平与高电平。因为 AT89S51 单片机使用的电源是 5V 电源，所以 AT89S51 单片机对应的低电平是 0V、高电平是 5V。P1 口内部的寄存器的值与输出的关系如图 3-2 所示。

若二进制位是 0，则二进制位对应的引脚输出 0V（低电平）；若二进制位是 1，则二进制位对应的引脚输出 5V（高电平）。根据这个规律，要想在单片机的引脚输出高电平或低电平，只要在对应的寄存器的对应位写入 0 或 1 即可。

对于寄存器 P0、P1、P2、P3 的操作，可以以字节的方式操作，也可以以位进行操作，非常方便。例如，P1=0xB4，或 P1^7=1。P1^7 对应单片机的引脚 P1.7，如图 3-3 所示。

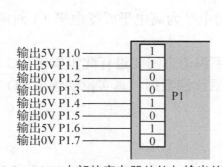

图 3-2　P1 口内部的寄存器的值与输出的关系

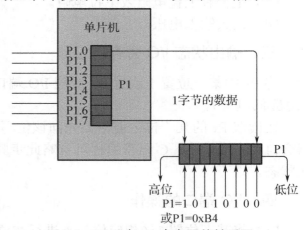

图 3-3　P1 口与 P1 寄存器的关系图

下面以驱动发光二极管（LED）为例进行说明。

图 3-4 所示为 LED 示意图。如何让这个 LED 发光呢？可以在它的两端加上约 1.5V 电压，它就可以被点亮了，这里的 1.5V 电压是 LED 的导通电压。单片机使用的电压是 5V，如何来

驱动 LED 发光呢？如图 3-5 所示，可以先用一个电阻与 LED 串联，然后将它们接到单片机的 I/O 引脚上。

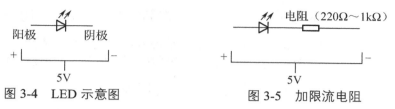

图 3-4　LED 示意图　　　　　　　　图 3-5　加限流电阻

如图 3-6 所示，这里的电阻用于分压。当 LED 发光时，它两端的电压约为 1.5V，剩下的 3.5V 电压就由串联的电阻承担。如果 LED 发光时的电流约为 10mA，那么可以算出串联电阻的阻值为 350Ω。

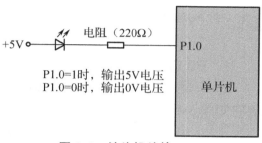

图 3-6　单片机外接 LED

如何来控制 LED 的亮与灭呢？我们若往寄存器的 P1^0 二进制位中写入 0 或 1，则对应的 P1.0 引脚输出 0V（低电平）或 5V（高电平）。当输出 0V 时，LED 点亮；当输出 5V 时，LED 不亮，从而实现了对 LED 的控制。在 C 语言中则是这样写的："P1^0=0;"（亮）或 "P1^0=1;"（灭）。

图 3-7 所示为流水灯电路图，它可以实现流水灯功能。根据上述驱动原理，要实现流水灯功能就简单了。

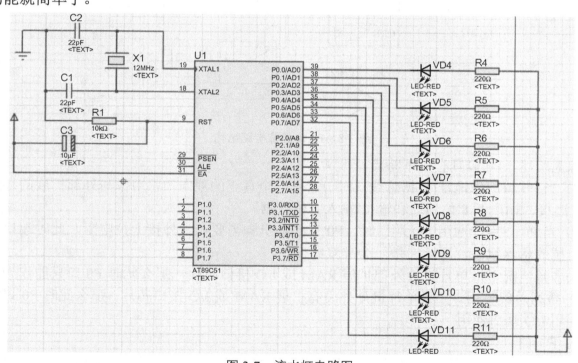

图 3-7　流水灯电路图

在写流水灯程序时，只要不断地改变 P0 寄存器的值即可实现 LED 的亮灭变化。当然，这里要注意一个问题，单片机的运行速度对人眼来说是很快的，如果 P0 寄存器值的变化速度太快，超出了人眼的反应速度，那么我们看不出 LED 亮灭的变化，由此，必须在 P0 寄存器的值变化后延时一段时间才能再次变值。这段延时的时间必须能够让人眼分辨出来。

2. 输入驱动

AT89S51 单片机读入端口的数据时，需要先往端口写 1 然后读入。这是由单片机的端口结构决定的。假如读入 P1 口的数据，如使用 C 语言编程时，可以使用以下语句。

P1=0XFF;//全部写入 1，此功能在编译时，编译器自动加入，不需要再写入
READ=P1;//这里的 READ 是一个变量，通过这一条语句就可以把 P1 口的数据读入 READ 变量中

读入驱动相对简单。以上就是单片机端口驱动的原理。

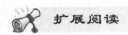 扩展阅读

I/O 端口的结构及工作原理

1. P0 口

P0 口是双功能的 8 位并行端口，字节地址为 80H，位地址为 80H～87H。P0 口的位电路结构如图 3-8 所示。

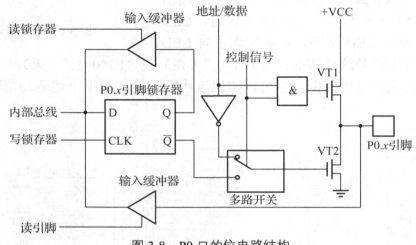

图 3-8　P0 口的位电路结构

综上所述，P0 口具有以下特点。

① 当 P0 口用作地址/数据总线口时，它是一个真正的双向口，用作与外部扩展的存储器或 I/O 连接，输出低 8 位地址和输出/输入 8 位数据。

② 当 P0 口用作通用 I/O 端口时，P0 口的各引脚需要在片外接上拉电阻，此时端口不存在高阻抗的悬浮状态，因此它是一个准双向口。

大多数情况下，单片机片外都扩展 RAM 或 I/O 接口芯片，那么此时 P0 口只能作为复用的地址/数据总线使用。如果单片机片外没有扩展 RAM 或 I/O 接口芯片，那么此时 P0 口才能作为通用 I/O 端口使用。

2. P1 口

P1 口为通用 I/O 端口，字节地址为 90H，位地址为 90H～97H。P1 口的位电路结构如图 3-9 所示。

P1 口总结。

P1 口有内部上拉电阻，没有高阻抗输入状态，故为准双向口。P1 口作为输出口时，不需要在片外接上拉电阻。P1 口的"读引脚"输入时，必须先向锁存器 P1 写入 1（汇编语言需要进行此步操作，C 语言编译器会自动完成此步，C 语言编程可省略此步骤）。

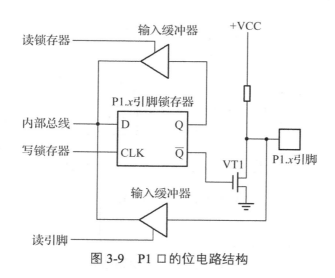

图 3-9　P1 口的位电路结构

3．P2 口

P2 口是一个双功能口，字节地址为 A0H，位地址为 A0H～A7H。P2 口的位电路结构如图 3-10 所示。

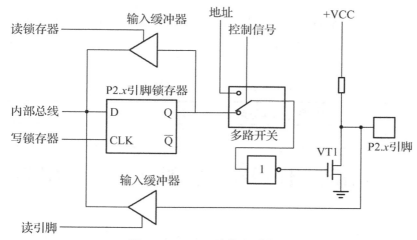

图 3-10　P2 口的位电路结构

当 P2 口作为地址输出线使用时，可输出外部存储器的高 8 位地址，与 P0 口输出的低 8 位地址一起构成 16 位地址，共可寻址 64KB 的片外地址空间。当 P2 口作为高 8 位地址输出口时，输出锁存器的内容保持不变。

当 P2 口作为通用 I/O 端口使用时，为准双向口，功能与 P1 口一样。一般情况下，P2 口大多作为高 8 位地址总线口使用，这时就不能再作为通用 I/O 端口使用了。若不作为地址总线口使用，则可作为通用 I/O 端口使用。

4．P3 口

由于 AT89S51 单片机的引脚数目有限，因此在 P3 口电路中增加了引脚的第二功能（第二功能定义见任务一中的表 1-1，P3 口的第二功能）。P3 口的每一位都可以分别被定义为第二输入功能或第二输出功能。P3 口的字节地址为 B0H，位地址为 B0H～B7H。P3 口的位电路结构如图 3-11 所示。

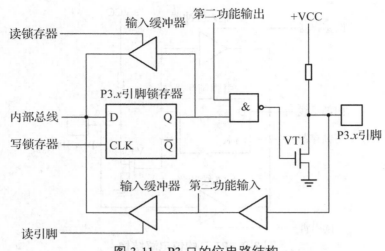

图 3-11 P3 口的位电路结构

P3 口内部有上拉电阻，不存在高阻抗输入状态，故为准双向口。

由于 P3 口每个引脚有第一功能与第二功能，因此究竟使用哪个功能，完全是由单片机执行的指令控制来自动切换的，用户不需要进行任何设置。

引脚输入部分有两个缓冲器，第二功能的输入信号取自缓冲器 BUF3 的输出端，第一功能的输入信号取自缓冲器 BUF2 的输出端。

 学习流程与活动

学习内容与活动	建议学时
使用端口实现点亮一个 LED	2

学习活动　使用端口实现点亮一个 LED

 学习目标

1. 能够正确点亮 LED。
2. 理解 LED 特性曲线。

 建议学时

2 学时

 学习准备

使用 Keil μVision4 开发软件和 Proteus7.8 仿真软件进行学习。

 学习过程

一、点亮 LED 原理

图 3-12 所示为 LED 特性曲线。

由 LED 特性曲线可以看出，当电流达到 10mA、电压达到 1.7V 时，LED 才能正常工作。

在单片机的 I/O 端口中，只有灌电流能力能达到 10mA，而拉电流能力不超过 10μA。

单个引脚输出低电平时，允许外部电路向引脚灌入的最大电流为 10mA；每个 8 位的接口（P1、P2 及 P3）允许向引脚灌入的总电流最大为 15mA，而 P0 的能力强一些，允许向引脚灌入的最大总电流为 26mA；全部的 4 个接口所允许的灌电流之和最大为 71mA。如果灌电流超过最大电流，就会出现发烫、耗电大等负面效果。因此，要点亮 LED，就需要使用 I/O端口的灌电流能力，即需要有电流从外部流向单片机。图 3-13 所示为 LED 连接图。

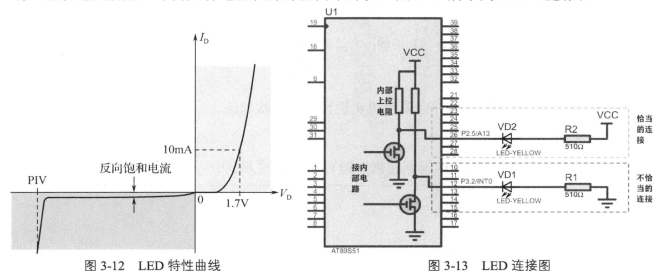

图 3-12　LED 特性曲线　　　　　　　图 3-13　LED 连接图

二、实例操作

使用 P2.0 端口的灌电流能力连接 LED，并且编程点亮 LED。

驱动一个 LED 的电路图如图 3-14 所示。

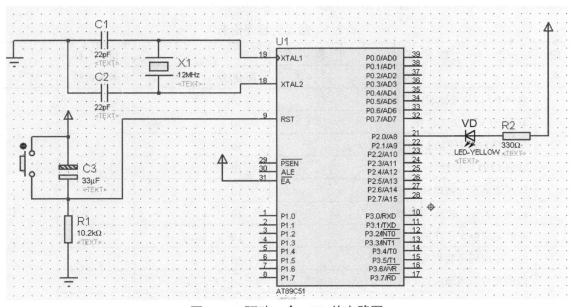

图 3-14　驱动一个 LED 的电路图

【分析】

要点亮 LED，就要使 P2.0 端口输出低电平，因此只要控制 P2.0 端口变成输出低电平即可。整个参考程序如下。

```
#include<reg51.h>
    /*导入头文件，reg51.h 这个文件中将所有寄存器映射为同名的变量，对这些变量的读/写相当于对
寄存器的读/写，I/O 端口的寄存器 Px（x 代表 0～3）*/
sbit LED=P2^0;          //位操作把 P2.0 定义为 LED
//主函数
void main(void)
{
    while(1)
    {
        LED=0;          //使 P2.0 端口的输出为低电平 0
    }
}
```

请同学们通过仿真验证，并在单片机实训设备上再次验证。

三、思考

如何让图 3-14 所示的 LED 闪烁起来？请写在下面的方框中。

 评价与分析

通过学习 51 单片机 I/O 端口的性能指标、51 单片机 I/O 端口的驱动原理，能够简单应用单片机的 8 位 I/O 端口，开展自评和教师评价，填写表 3-1。

表 3-1　活动过程评价表

班　级		姓　名		学　号			日　期	
序　号	评价要点			配分/分	自　评	教师评价	总　评	
1	掌握 P0 口与其他端口的异同			10				
2	掌握 P3 口的第二功能			10				
3	掌握 I/O 端口驱动 LED 的原理			10				
4	掌握 LED 的特性			10				
5	理解灌电流与拉电流的区别			10			A	
6	理解 I/O 端口的读/写原理			10			B	
7	能够完成整个程序的编写			10			C	
8	能够完成程序的仿真			10			D	
9	能够完成思考题内容			10				
10	能够与同组成员共同完成任务			10				
小结与建议		合计		100				

注：总评档次分配包括 0～59 分（D 档）；60～74 分（C 档）；75～84 分（B 档）；85～100 分（A 档）。
根据合计的得分，在相应的档次上打钩。

任务四 51单片机最小系统

 任务目标

1. 掌握时钟电路的时序。
2. 掌握复位操作与复位电路。
3. 掌握51单片机最小系统。

 任务内容

单片机最小系统，或者称为最小应用系统，是指用最少的元件组成的可以使单片机工作的系统。对于51系列单片机来说，最小系统一般应该包括：单片机、时钟电路、复位电路。

对于AT89S51单片机来说，它要能够正常工作，就要具备3个必要条件：①电源（+5V）；②晶体振荡器（简称晶振信号）；③复位信号。

这3个条件缺一不可，下面分别进行介绍。

一、电源

这个条件比较容易理解，几乎所有的电器都需要电源，单片机也不例外。对于AT89S51单片机来说，使它正常工作的电源电压是+5V。有些贴片封装的单片机会使用+3.3V的电源。由此在设计电路时，根据单片机的使用手册，设计者可以提供+5V或+3.3V的电源。

二、时钟电路

时钟电路用于产生AT89S51单片机工作时所必需的稳定时钟信号，AT89S51单片机的内部电路在时钟信号的控制下，严格地按时序执行指令进行工作。时钟电路中最为核心的元件就是晶体振荡器。

当CPU执行指令时，首先到ROM中取出需要执行的指令操作码，然后译码，并由时序电路产生一系列控制信号，从而完成指令所规定的操作。CPU发出的时序信号有两类：一类用于对片内各个功能部件的控制，用户无须了解；另一类用于对片外存储器或I/O端口的控制，这部分时序对于分析、设计硬件接口电路至关重要，这也是单片机系统设计者普遍关心和重视的问题。

AT89S51单片机的各外围部件运行都以时钟控制信号为基准，有条不紊、逐拍地工作。因此，时钟频率直接影响单片机的速度，时钟电路的质量也直接影响单片机系统的稳定性。常用的时钟电路有两种类型，一种是内部时钟方式，另一种是外部时钟方式。AT89S51单片机的最高时钟频率为33MHz。

（1）内部时钟方式。

AT89S51单片机内部有一个用于构成振荡器的高增益反相放大器，它的输入端为引脚XTAL1，输出端为引脚XTAL2。这两个引脚外部跨接石英晶振和瓷片电容，由此构成一个稳定的自激振荡器，图4-1所示为AT89S51单片机内部时钟方式的电路。

电容 C1 和 C2 的典型值通常为 30pF，一般可取（3±10）pF。晶振频率的范围通常为 1.2～12MHz。AT89S51 单片机的晶体振荡器通常为 6MHz、12MHz（产生精确的 μs 级时间定时，方便定时操作）或 11.0592MHz（可以准确地得到波特率：9600bit/s 和 19200bit/s，用于有串口通信的场合）的石英晶体。

（2）外部时钟方式。

外部时钟方式使用现成的外部振荡器产生时钟脉冲信号，常用于多片 AT89S51 单片机同时工作时多片 AT89S51 单片机之间的同步。外部时钟源直接接到 XTAL1 端，XTAL2 端悬空。AT89S51 单片机外部时钟方式的电路如图 4-2 所示。

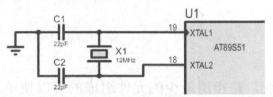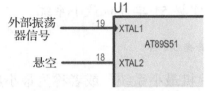

图 4-1　AT89S51 单片机内部时钟方式的电路　　图 4-2　AT89S51 单片机外部时钟方式的电路

（3）时钟周期、机器周期、指令周期与指令时序。

各种指令时序与时钟周期有关。

① 时钟周期。

时钟周期是时钟控制信号的基本时间单位。若晶振频率为 f_{OSC}，则时钟周期 $T_{OSC} = 1/f_{OSC}$。如 $f_{OSC} = 6MHz$，$T_{OSC} = 166.7ns$。

② 机器周期。

CPU 完成一个基本操作所需的时间为机器周期。执行一条指令的周期分为一个或几个机器周期。每个机器周期完成一个基本操作，如取指令、读或写数据等。

一个机器周期包括 12 个时钟周期，分为 6 个状态：S1～S6。每个状态又分为两拍：P1 和 P2。因此，一个机器周期中的 12 个时钟周期表示为 S1P1，S1P2，S2P1，S2P2，…，S6P2，如图 4-3 所示。

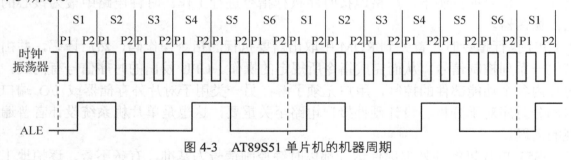

图 4-3　AT89S51 单片机的机器周期

③ 指令周期。

指令周期是指执行一条指令所需的时间。AT89S51 单片机中的指令按字节来分，可分为单字节、双字节与三字节指令。因此执行一条指令的时间也不同。简单的单字节指令，取出指令立即执行，只需一个机器周期的时间。而有些复杂的指令，如转移、乘、除指令则需两个或多个机器周期。

从指令执行时间看，单字节和双字节指令一般为单机器周期和双机器周期；三字节指令都是双机器周期；乘、除指令占用 4 个机器周期。

三、复位信号与复位电路

复位是单片机的初始化操作，只需要给 AT89S51 单片机的复位引脚 RST 加上大于 2 个机器周期（24 个时钟振荡周期）的高电平就可使 AT89S51 单片机复位。

1. 复位操作

复位时，单片机的程序计数器（PC）被初始化为 0x0000，程序从 0x0000 单元开始执行。除系统的正常初始化外，当程序出错（如程序"跑飞"）或操作错误使系统处于"死锁"状态时，需要按复位键使引脚 RST 为高电平，使 AT89S51 单片机摆脱"跑飞"或"死锁"状态而重新启动程序。

复位操作还对其他一些寄存器有影响。寄存器复位后的状态表如表 4-1 所示。

表 4-1　寄存器复位后的状态表

寄　存　器	复位状态	寄　存　器	复位状态
PC	0000H	TMOD	00H
ACC	00H	TCON	00H
PSW	00H	TH0	00H
B	00H	TL0	00H
SP	07H	TH1	00H
DPTR	0000H	TL1	00H
P0～P3	FFH	SCON	00H
IP	xxx0 0000B	SBUF	xxxx xxxxB
IE	0xx0 0000B	PCON	0xxx 0000B
DP0L	00H	AUXR	xxx0 0xx0B
DP0H	00H	AUXR1	xxxx xxx0B
DP1L	00H	WDTRST	xxxx xxxxB
DP1H	00H		

由表 4-1 可看出，复位时，SP=07H，而引脚 P0～P3 均为高电平。在某些控制应用中，要注意考虑引脚 P0～P3 的高电平对接在这些引脚上的外部电路的影响。

例如，P1 口的某个引脚外接一个继电器绕组，当单片机复位时，该引脚为高电平，继电器绕组就会有电流通过，吸合继电器开关，使开关接通，这样可能会造成意想不到的后果。

2. 复位电路设计

单片机复位一般有 3 种情况，上电复位、手动复位、程序自动复位。

（1）上电复位。

上电复位的工作原理是：+5V（VCC）电源通过电容 C 与电阻 R 回路，给电容 C 充电，因为电容 C 两端的电压不能突变，所以会给引脚 RST 一个短暂的高电平信号，此信号电平随着 VCC 对电容 C 的充电过程而逐渐降低，当电容 C 充满电后，两端的电压等于+5V（VCC），不再有充电电流，引脚 RST 变成低电平。即引脚 RST 上的高电平持续时间取决于电容 C 的充电时间。充电时间越长，复位时间越长，增大电容或电阻都可以增加复位时间。上电复位电路如图 4-4 所示。

（2）手动复位。

手动复位的工作原理是：按下按键后，电源直接加到 RST 端，在 RST 端产生高电平，按键按下的时间决定了复位的时间。手动复位电路如图 4-5 所示。

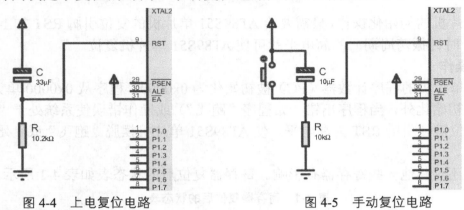

图 4-4　上电复位电路　　　　　　　　　　图 4-5　手动复位电路

当时钟频率选用 6MHz 时，电容 C 的典型取值为 10μF，电阻 R 的典型取值为 10kΩ。

一般来说，单片机的复位速度比外围 I/O 接口电路快些。因此在实际系统的设计中，为保证系统可靠复位，在单片机应用程序的初始化程序段应安排一定的复位延迟时间，以保证单片机与外围 I/O 接口电路都能可靠地复位。

（3）程序自动复位。

为了保证单片机能够正常工作，当程序"跑飞"时，通过看门狗给单片机发送复位信号，从而使单片机复位并从头开始工作。这是单片机自我修正的过程，即出现程序运行混乱时，能够自动修正到正常状态。

四、AT89S51 单片机最小系统

AT89S51 单片机本身片内有 4KB 的 ROM 单元、128B 的 RAM 单元、4 组 I/O 端口，外接时钟电路和复位电路即构成一个 AT89S51 单片机最小系统，如图 4-6 所示。在最小系统中，已经包含电源、晶振电路、复位电路，它已经可以正常地运行，不过从外观上看不出它是否运行，只能通过示波器或者其他仪器测量引脚电平才能确认它已经运行。

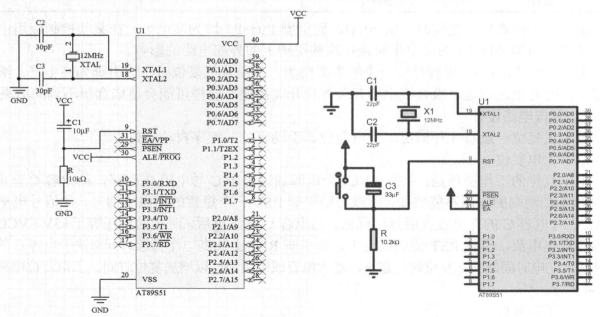

图 4-6　AT89S51 单片机最小系统电路图

图 4-6 中，左边为常见最小系统，已包括 3 个条件；右边为 Proteus7.8 软件绘制的最小系统，图中隐藏了电源引脚。

 学习流程与活动

学习内容与活动	建议学时
绘制 AT89S51 单片机最小系统	2

学习活动　绘制 AT89S51 单片机最小系统

 学习目标

1. 掌握 AT89S51 单片机最小系统电路图。
2. 理解 AT89S51 单片机最小系统能够正常工作的 3 个条件。

 建议学时

2 学时

 学习准备

准备好铅笔、白纸等文具。

学习过程

一、将 AT89S51 最小系统电路图画在下面的空白框内。

二、请说明使 AT89S51 单片机最小系统能够正常工作的 3 个条件分别起什么作用。

评价与分析

通过学习时钟电路的时序、复位操作与复位电路、51单片机最小系统，开展自评和教师评价，填写表4-2。

表4-2　活动过程评价表

班　级		姓　名		学　号			日　期	
序　号	评价要点			配分/分	自　评	教师评价	总　评	
1	掌握单片机时钟周期与机器周期的区别			10				
2	掌握周期与频率的关系			10				
3	掌握 AT89S51 单片机最小系统电路图			10				
4	能够理解 AT89S51 单片机最小系统能够正常工作的 3 个条件			10				
5	能够绘制 AT89S51 单片机最小系统电路图			10			A	
6	掌握上电复位电路与手动复位电路的异同			10			B	
7	能够根据晶振频率计算机器周期			10			C	
8	掌握单片机复位后各寄存器的状态值			10			D	
9	掌握时钟输入的两种方式			10				
10	能够与同组成员共同完成任务			10				
小结与建议			合计	100				

注：总评档次分配包括0～59分（D档）；60～74分（C档）；75～84分（B档）；85～100分（A档）。
根据合计的得分，在相应的档次上打钩。

任务五 Keil μVision开发环境的搭建

任务目标

1. 掌握 Keil μVision 工程的建立方法。
2. 学会编写与编译单片机程序。

任务内容

Keil C51（简称 C51）是应用在单片机开发上的 C 语言系统，它与 C 语言基本是一样的，只是在硬件驱动方面有一些差别。与汇编语言相比，C51 在功能性、结构性、可读性、可维护性上有明显的优势，因而易学易用。C51 提供包括 C51 编译器、宏汇编、连接器、库管理和一个功能强大的仿真调试器等在内的完整开发方案，通过一个集成开发环境（Keil μVision）将这些部分组合在一起。使用 C51 编写生成的代码效率非常高，相比其他语言更容易理解。现在以 Keil μVision4 软件版本为例进行说明。

一、Keil C51 单片机工程文件结构

在图 5-1 中，Keil μVision 软件首先要建立工程，然后把 C51 文件创建并添加到工程中，也可以把现有的 C51 文件添加到工程中。如果 C51 文件中包含头文件，那么在编译时，系统会自动地把相应的头文件加入工程中。文本文件与 C51 文件无直接关系，它只是起到说明的作用，即对工程进行必要的说明，可有可无。

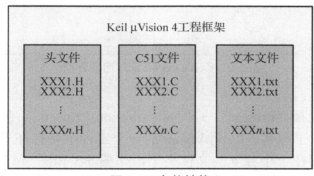

图 5-1　文件结构

在一个工程中，C51 文件、头文件、文本文件可以有多个。

如何组建一个单片机开发环境呢？主要有以下几个步骤。

第一步：使用 Keil μVision 创建工程文件。

第二步：创建 C51 文件。如果已有 C51 文件，那么可以不用创建。

第三步：将 C51 文件添加到工程中。

第四步：对工程进行设置，比如设置晶振频率、勾选"产生 HEX 文件"等。

第五步：编写 C51 程序并编译产生 HEX 文件。

第六步：通过仿真软件仿真程序运行效果是否与设计一致，或直接将 HEX 文件下载到硬

件电路中的单片机进行硬件实验，观察是否与设计一致。特别注意，软件仿真不能完全代替硬件，在一些时序要求严格的场合，不能用软件仿真，要用硬件直接实验。

第七步：经过调试且程序完全达到设计要求后，可以直接把产生的 HEX 文件经过设置加密位后下载到单片机中。设置加密位后被下载到单片机中的程序是无法被读出的。

二、Keil μVision 工程的建立

1. 建立工程框架

（1）双击桌面图标 ，打开 Keil μVision 软件，界面如图 5-2 所示。

图 5-2　Keil μVision 软件启动界面

（2）建立新工程。

建立一个新工程，选择"Project"→"New μVision Project..."命令，在弹出的保存框中选择要保存的路径，输入工程名。Keil μVision 的一个工程中会有许多个小文件，为了方便管理，通常将一个工程保存在一个独立的文件夹下，如图 5-3 和图 5-4 所示。

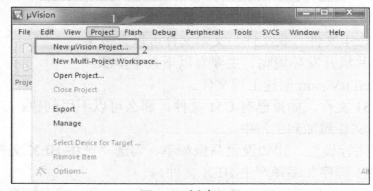

图 5-3　新建工程

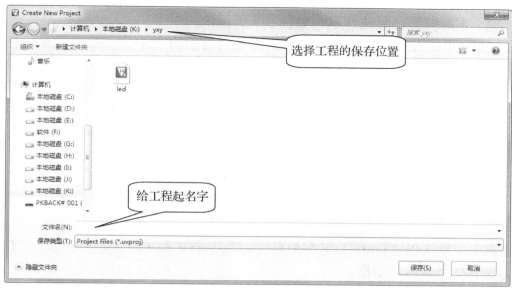

图 5-4　保存工程

给工程起名字时，工程的名字一定要有含义，能够让用户从工程的名字看出工程的用途。

（3）选择单片机，如图 5-5 所示。

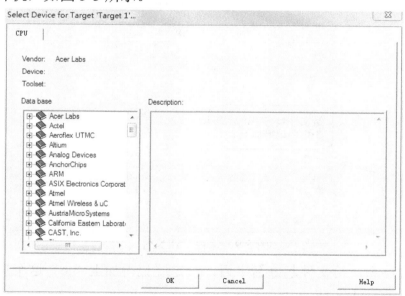

图 5-5　选择单片机

在这个对话框中，选择单片机，将 Atmel 文件夹左边的"+"号点开，可以从中选择 AT89S51 单片机。

（4）出现以下对话框时，单击"否"按钮，如图 5-6 所示。

图 5-6　添加启动代码

到这一步，工程框架已经建好了，如图 5-7 所示。

有工程框架，但还没有 C51 文件，此时就需要创建新的 C51 文件或者添加现有的 C51 文件到工程中。

2. 创建 C51 文件

（1）选择"File"→"New..."命令，创建新文件，如图 5-8 所示。

| 图 5-7　工程框架 | 图 5-8　新建 C51 文件 |

将新创建的文件命名为 C51 文件。

新创建的文件默认以"Text..."名字命名，它是一个文本文件，此时要单击"保存"按钮，弹出如图 5-9 所示的对话框。

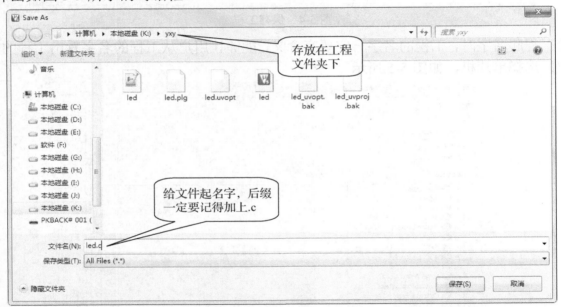

图 5-9　保存 C51 文件

在这里要特别注意，给文件起好名字后，一定要记得加上".c"这个后缀，否则它只是个文本文件，而不是 C51 文件。

（2）把 C51 文件添加到工程中。

在导航窗口中选择"Source Group 1"选项，单击鼠标右键，在弹出的菜单中选择"Add Files..."命令，这个菜单的意思是"添加文件到'源程序组 1'中"，如图 5-10 所示。

随后弹出如图 5-11 所示的对话框。

对话框中会列出该文件夹下的所有 C51 文件，图 5-11 中只有 led.c 一个 C51 文件。选择该文件，单击右下角的"Add"按钮，即可将 led.c 文件添加进去，记得不要多次单击，单击一次即可。单击"Close"按钮关闭对话框，这样 C51 文件就被添加到工程中了，如图 5-12 所示。

led.c 已经属于工程中的文件了。此时可以编辑 led.c 文件的内容，不过还要进行最后一步设置。

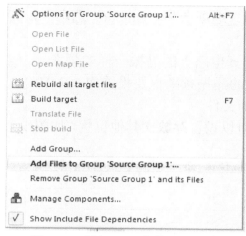

图 5-10　添加 C51 文件到工程中

图 5-11　选择 C51 文件

3．设置

（1）设置晶振频率。

右击导航窗口中的"Target1"选项，在弹出的菜单中选择"Options for Target 'Target 1'…"命令，如图 5-13 所示。

图 5-12　添加结果

图 5-13　设置菜单

随后弹出如图 5-14 所示的对话框。

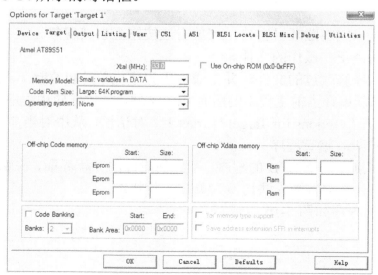

图 5-14　设置时钟

这个对话框有很多选项卡，只需要设置"Target"选项卡和"Output"选项卡，其他选项卡选择默认值即可。

在"Target"选项卡中，把晶振频率设置成与仿真电路上的晶振一样的频率。

如果仿真电路的晶振频率是 12MHz，那么这里的晶振频率也要设置成 12MHz。

（2）在"Output"选项卡中，设置输出十六进制文件。

勾选对应的复选框，其他选择默认值。当然，也可以设置存放在其他位置，如图 5-15 所示。

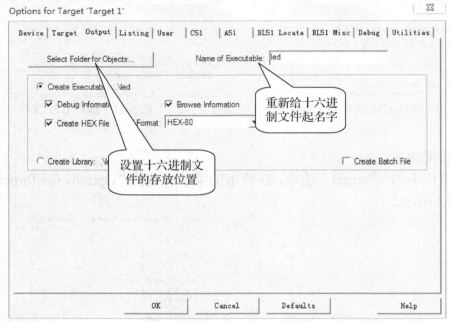

图 5-15　产生十六进制文件

到此，已经完成了整个编程环境的搭建，可以进行程序的编写了。

三、编写 C51 程序及将其编译成 HEX 文件

通过以上步骤，就已经建立了一个完整的工程。但在编写程序之前，有必要了解编辑界面上的一些常用的按钮功能和用法。

1. 常用按钮

（1）▦ 按钮：显示或隐藏项目窗口，可单击该按钮观察其现象。

（2）✍ 按钮：编译正在操作的文件。

（3）▦ 按钮：编译修改过的文件，并生成应用程序供单片机直接下载。

（4）▦ 按钮：重新编译当前工程中的所有 C51 文件，并生成应用程序供单片机直接下载。

（5）✕ 按钮：打开"Options for Target 'Target 1'"对话框，从中对当前工程进行详细设置。

2. 使用 Keil μVision 编写程序

使用 C 语言编写点亮一个 LED 的程序。回到创建好的工程界面，在编辑框中输入以下程序，注意输入源代码时必须将输入法切换为英文半角状态。

点亮一个 LED 的程序如图 5-16 所示。

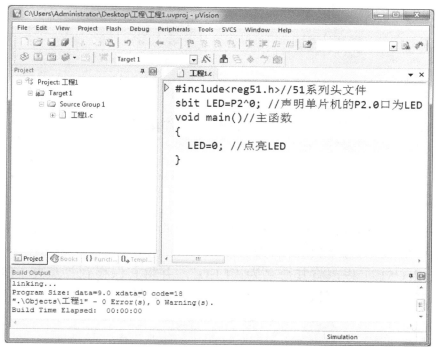

图 5-16　点亮一个 LED 的程序

在 C51 中，为了方便用户处理，C51 编译器把 51 单片机常用的特殊功能寄存器和特殊位进行了定义，将它们放在名为 "reg51.h" 或 "reg52.h" 的头文件中，当用户要使用时，只需要在使用之前用一条预处理命令#include <reg52.h> 把这个头文件包含到程序中，就可以使用殊功能寄存器名称和特殊位名称了。

51 单片机包含的头文件通常有 reg51.h、reg52.h、math.h、ctype.h、stdio.h、stdlib.h、absacc.h 等。

编写完成后，单击编译按钮▦并生成应用程序。这样就可以将其烧入单片机进行测试，或者使用 Proteus 仿真软件，仿真运行程序。

 学习流程与活动

步　骤	学习内容与活动	建议学时
1	建立 Keil C51 工程并编译	2
2	Keil C51 的常见错误排除	2

学习活动一　建立 Keil C51 工程并编译

 学习目标

1. 掌握建立 Keil C51 工程的方法。
2. 能够编写程序及编译程序。

建议学时

2 学时

 学习准备

使用 Keil μVision4 开发软件和 Proteus7.8 仿真软件进行学习。

学习过程

一、实例操作

在计算机的最后一个磁盘中建立一个文件夹，以自己的名字命名此文件夹。进入自己的文件夹，再建立一个文件夹，将其命名为"点亮 LED"。

建立一个 Keil C51 工程，将其命名为"LED"，并将其保存到"点亮 LED"文件夹中。创建一个名为点亮 LED.c 的文件，并将其添加到工程中，在点亮 LED.c 文件中输入如下代码。

```
#include <reg51.h>
#define    LED    P2_0
void main()
{
        LED=0;
}
```

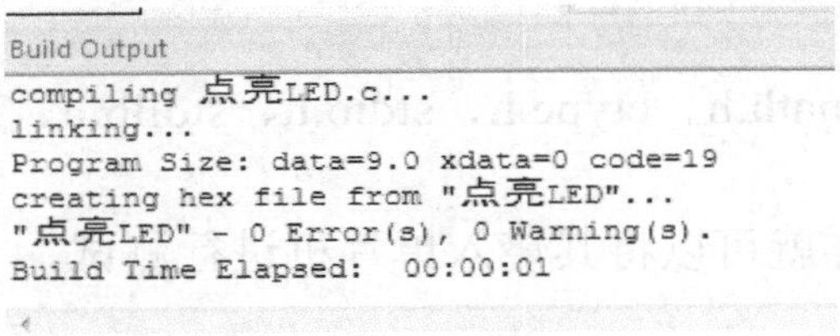

Build Output
```
compiling 点亮LED.c...
linking...
Program Size: data=9.0 xdata=0 code=19
creating hex file from "点亮LED"...
"点亮LED" - 0 Error(s), 0 Warning(s).
Build Time Elapsed:  00:00:01
```

图 5-17 编译结果图

完成代码输入以后，单击编译图标，进行编译。最后出现如图 5-17 所示的内容，说明编译成功。

其中，"compiling 点亮 LED.c..."表示正在编译"点亮 LED.c"文件；"linking..."表示 Keil C51 软件连接一些系统文件或编译器；"Program Size: data=9.0 xdata=0 code=19"表示编译后的程序的大小是：内部 RAM 使用 9 字节，外部 RAM 使用 0 字节，代码大小为 19 字节。

"creating hex file from"点亮 LED"..."表示从"点亮 LED"工程中产生十六进制文件。只有看到这一条，才能说明 Keil C51 产生了可下载到单片机中的文件。

""点亮 LED"-0 Error(s), 0 Warning(s)."表示"点亮 LED"工程的编译过程中有 0 个错误，0 个警告，说明编译成功。

只有显示 0 个错误，才能说明编译是成功的。有警告只代表有些问题没有处理完，并不代表错误，比如有些子函数没有调用，也会产生警告，但不影响编译成功。

二、上机练习

请根据上面的描述，完成程序的编写及编译。

 评价与分析

通过学习建立 Keil C51 工程的方法，编写程序及编译程序，开展自评和教师评价，填写表 5-1。

表 5-1　活动过程评价表

班　级		姓　名		学　号		日　期	
序　号	评价要点		配分/分	自　评	教师评价	总　评	
1	掌握工程的文件结构		10				
2	掌握工程建立过程中 CPU 的选择方法		10				
3	掌握工程中晶振的设置		10				
4	掌握工程中文件添加与删除的方法		10			A	
5	掌握工程编译产生的结果的含义		10			B	
6	懂得工程的合理存储方法		10			C	
7	能够根据要求建立工程		10			D	
8	能够根据要求创建 C51 文件		10				
9	能够编写程序并编译通过		10				
10	能够与同组成员共同完成任务		10				
小结与建议			合计	100			

注：总评档次分配包括 0～59 分（D 档）；60～74 分（C 档）；75～84 分（B 档）；85～100 分（A 档）。
根据合计的得分，在相应的档次上打钩。

学习活动二　Keil C51 的常见错误排除

学习目标

1. 学会定位错误位置。
2. 能够识别编译时的错误类型并处理错误。

建议学时

2 学时

学习准备

使用 Keil μVision4 开发软件和 Proteus7.8 仿真软件进行学习。

学习过程

一、程序编译时出现的常见错误

1. 语法类错误

（1）缺少";"。

出现提示：error CXXX: syntax error near'某符号'，说明在这个"符号"附近有语法错误。

（2）出现没有定义的标识符。

出现提示：error Cxxx: 'xxx': undefined identifier，说明"xxx"标识符没有被定义过。通过查找前文，确认"xxx"是否被定义，很多情况是打字错误造成的。

（3）运算符错误。

出现提示：error Cxxx: '某字符': bad operand type，提示说明是错误的操作数类型，很多情况是把运算符打错造成的。

（4）括号（包括圆括号、方括号、花括号）不配对。

出现提示：error CXXX: syntax error near'某括号'，说明在这个"某括号"附近有语法错误。注意检查括号是否配对。

（5）把 while(1)中的数字 1 写成了字母 l 或 i。

出现提示：error Cxxx: 'l': undefined identifier，说明字母 l 或 i 没有被定义过。检查一下即可发现问题。

（6）宏定义时，关键字出错。

出现提示：error Cxxx: '某字符': undefined identifier。双击此提示，指示："uint i,j;"行，经检查发现问题出在宏定义处，#define uint unsiqned int，把 g 错打成 q。

（7）没有区分大小写。

出现提示：error C202: 'p1': undefined identifier，说明 p1 这个寄存器没有被定义过，实际是把大写字母 P 写成了小写字母 p。在 C 语言中，大小写是有区别的，不能乱用。

2. 环节缺失或多余类

（1）没有声明子函数。

出现提示：error Cxxx: 'xxx': redefinition，说明"xxx"被重新定义。这一般就是"xxx"子函数没有进行声明造成的。

（2）定义了两个名称相同的子函数。

出现提示：error Cxxx: '_xxx': function already has a body，说明"xxx"子函数已经有了一个原型，出现重复定义的错误。

（3）主函数写错。

主函数写错的提示内容比较多，不过可以看最后一个警告：*** WARNING L10: CANNOT DETERMINE ROOT SEGMENT。该警告的意思是：不能确定启动段，即没有找到主函数，找不到程序的启动位置。

（4）头文件名称写错。

出现提示：warning C318: can't open file 'RaGX51.H'，说明无法打开 RaGX51.H 文件，因为名称写错，所以找不到相应的头文件，打不开。

错误提示都会显示在输出窗口，通过双击相应的错误提示，在编写编辑区会有一个小箭头指向程序的行号，说明错误在这一行程序中或在这一行的附近。

以上是很常见的错误，这些错误很多是由于语法不对，这是没有学好 C 语言造成的。同学们需要加强 C 语言语法的学习。另外还有一类错误，就是逻辑上的错误，针对这类错误，编译系统是无法检测出来的。逻辑上的错误不是 C 语言语法错误，它是在逻辑功能上出现了与设计不一致的情况。必须要非常认真地编写程序，以避免出现此类错误。

二、根据给出的程序，对程序进行编译并排除相应的错误

参考程序如下。

```
#include <RaGX51.H>  //包含头文件 REGX51.H，定义了 51 单片机的所有 SFR
#define uchar unsigned char
#define uint unsiqned int
void delay(unsigned int aa);

void deleay(unsigned int aa)
{
    uint i,j;
    for(i=0;i<aa;i++)
        for(j=0;j<1000;j++)
        ;
}


void main()              //主函数
{
    while(1)             //无限循环
    {
            P1=0XFE;
            delay(100);
            P1=0XFD;
            delay(100);
            P1=0XFB;
            delay(100)
            P1=0XF7;
            delay(100);
            P1=0XEF;
            delay(100);
            P1=0XDF;
            delay(100);
            P1=0XBF;
            delay(100);
            p1=0X7F;
            delay((100);
    }

}
```

通过编译，找出相应的错误，以确保编译成功。

三、学生上机练习，教师巡堂指导

评价与分析

通过本次学习活动，学会定位错误位置，能够识别编译时的错误类型并处理错误，开展自评和教师评价，填写表 5-2。

表 5-2　活动过程评价表

班　级			姓　名		学　号			日　期	
序　号	评价要点				配分/分	自　评	教师评价	总　评	
1	能够准确定位错误位置				10				
2	掌握常见错误的提示含义				10				
3	掌握提示中的简单英文单词				10			A	
4	掌握错误的类型				10			B	
5	能够区分语法错误与逻辑错误				10			C	
6	能够找出程序中的各种错误				20			D	
7	能够编译通过				20				
8	能够与同组成员共同完成任务				10				
小结与建议				合计	100				

注：总评档次分配包括 0～59 分（D 档）；60～74 分（C 档）；75～84 分（B 档）；85～100 分（A 档）。
根据合计的得分，在相应的档次上打钩。

任务六 Proteus仿真环境的建立

任务目标

1. 掌握 Proteus 仿真方法。
2. 掌握 Proteus 的电路搭建。

任务内容

Proteus 是英国 Labcenter 公司开发的电路分析与实物仿真软件。它运行于 Windows 操作系统中，可以仿真、分析各种模拟器元件和集成电路，是目前较好的仿真单片机及外围元件的工具。我们使用 Proteus7.8 作为单片机电路仿真软件，此软件功能强大，网络资源丰富。下面简单介绍一下 Proteus 软件的使用。

一、Proteus 仿真电路的搭建

1. Proteus 窗口界面

Proteus 窗口界面如图 6-1 所示。

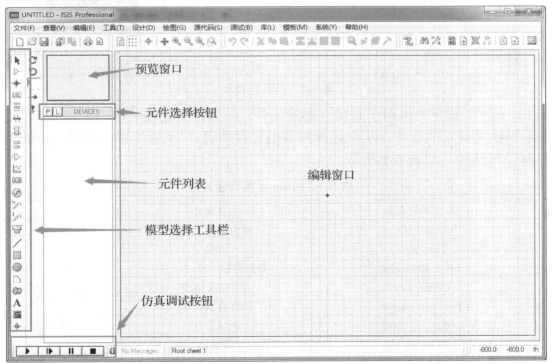

图 6-1 Proteus 窗口界面

2. 添加元件

选择元件，将元件添加到元件列表中，单击"元件选择"按钮[P]，如图 6-2 所示。

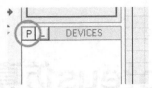

图 6-2　添加元件

完成后会弹出元件选择框，如图 6-3 所示。

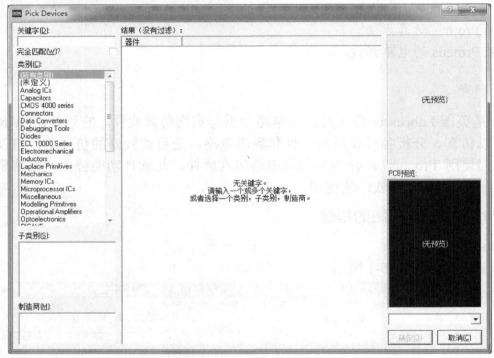

图 6-3　元件选择框

图 6-3 中的"关键字"栏用于查找需要的元件，在此打上元件名称的关键字部分，在"结果"栏显示包括关键字的元件，从中选择想要的元件即可。"类别"栏可以将元件的类别列出来，主要有以下几种，如表 6-1 所示。

表 6-1　Proteus 类别含义

序　号	"类别"英文名称	中文含义	备　注
1	Analog ICs	模拟集成芯片	
2	Capacitors	电容	
3	CMOS 4000 series	场效应管 4000 系列	
4	Connectors	各种接头插座	属于电路的连接器
5	Data Converters	数据转换芯片	
6	Debugging Tools	调试工具	仿真的元件
7	Diodes	二极管	
8	ECL 10000 Series	各种常用集成电路	
9	Electromechanical	各种电机	交、直流都有
10	Inductors	各种电感器与变压器	
11	Laplace Primitives	拉普拉斯变换	
12	Mechanics	电机	星形、三角形连接
13	Memory ICs	存储芯片	

序　　号	"类别"英文名称	中文含义	备　　注
14	Microprocessor ICs	各种单片机	
15	Miscellaneous	各种常用分立元件	
16	Modelling Primitives	各种仿真元件	
17	Operational Amplifiers	运算放大器	
18	Optoelectronics	各种发光元件	
19	PICAXE	Picaxe 系列单片机	
20	PLD&FPGAs	可编程逻辑元件	
21	Resistors	电阻	
22	Simulator Primitives	各种逻辑及信号仿真	
23	Speakers&sounders	扩音器类	
24	Switchs&Relays	开关继电器类	
25	Switching devices	晶闸管类	
26	Thermionic valve	电子管类	
27	Transducers	传感器类	
28	Transistors	晶体管类	
29	TTL 74xxx	TTL 74 系列逻辑芯片	

"子类别"是属于"类别"下的各种元件。"制造商"是指元件的生产厂家，同一种功能的芯片可能会有很多的生产厂家，不同生产厂家的芯片在一些应用特性上有一定的区别。

系统中有很多的元件，如果不熟悉元件，查找起来很困难，怎么办呢？下面是一个例子。

在元件选择框左上角的"关键字"栏中输入需要的元件名称，因为单片机 AT89S51 与 AT89C51 功能相同，所以可以用 C51 代替 S51。例如，查找晶振（Crystal）、电容（Capacitance）、电阻（Resistors）、发光二极管（Led）等时，输入元件的英文名称，不一定要输入全部的名称，输入相应关键字能找到对应的元件即可。例如，需要晶振，输入"CRY"，得到如图 6-4 所示的结果。

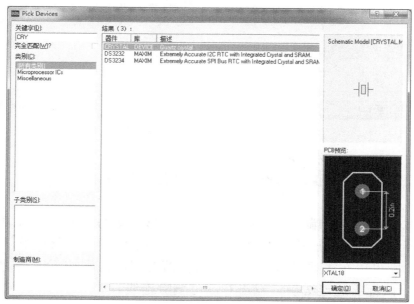

图 6-4　选择晶振

在出现的搜索结果中双击需要的元件，该元件便会被添加到主窗口左侧的元件列表区，如图 6-5 所示。

3. 放置元件

选择需要放置的元件，如图 6-6 所示。

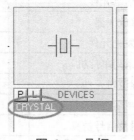

图 6-5　晶振

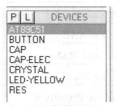

图 6-6　单片机

在元件列表区单击选中 AT89C51，将鼠标移动到右侧编辑窗口中，鼠标指针变成铅笔形状，单击，框中出现一个 AT89C51 单片机原理图的轮廓图，轮廓图可以移动。将鼠标移动到合适的位置后单击，放置好原理图。

放置单片机前的 Proteus 窗口如图 6-7 所示。

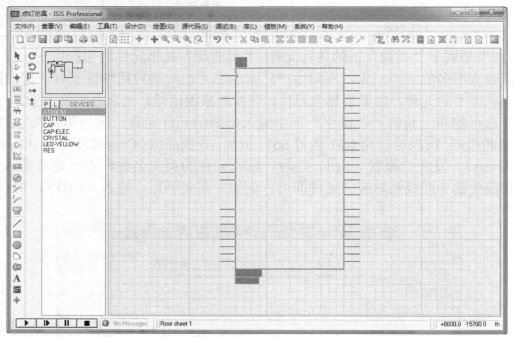

图 6-7　放置单片机前的 Proteus 窗口

放置单片机后的 Proteus 窗口如图 6-8 所示。

依次将各个元件放置到绘图编辑窗口的合适位置，如图 6-9 所示。

4. 连线

将鼠标指针靠近元件的一端，当鼠标指针的铅笔形状变为绿色时，就表示可以连线了。先单击该点，再将鼠标移至另一个元件的一端单击，两点间的线路就连好了。若要在连线时控制导线的走向，则可以在需要经过的地方单击；若要退回，则按下退格键即可。连线示意图如图 6-10 所示。鼠标靠近连线后，双击右键可删除连线。

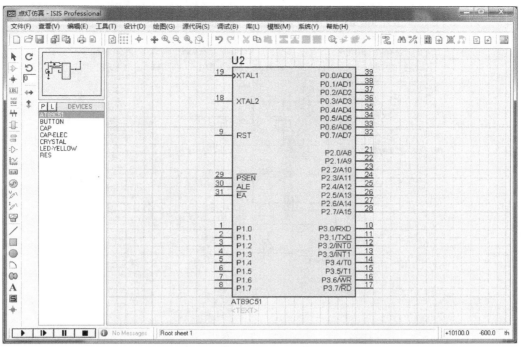

图 6-8　放置单片机后的 Proteus 窗口

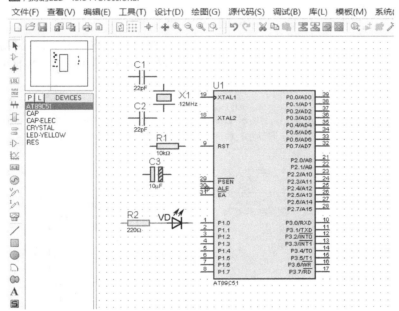

图 6-9　放置其他元件

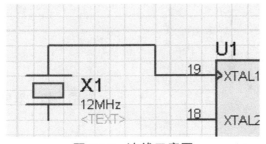

图 6-10　连线示意图

依次连接好所有的线路，注意 LED 的极性不要接反。效果图 1 如图 6-11 所示。

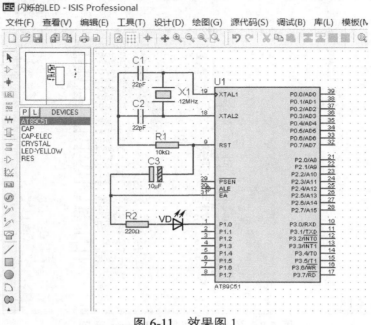

图 6-11　效果图 1

5．添加电源及接地

选择工具栏中的 ⊟ 图标，出现如图 6-12 的界面。

分别选择"POWER"（电源）和"GROUND"（接地），将它们依次添加到绘图区，并连接好线路。效果图 2 如图 6-13 所示。因为 Proteus 软件中的单片机已默认提供电源，因此不用给单片机添加电源。

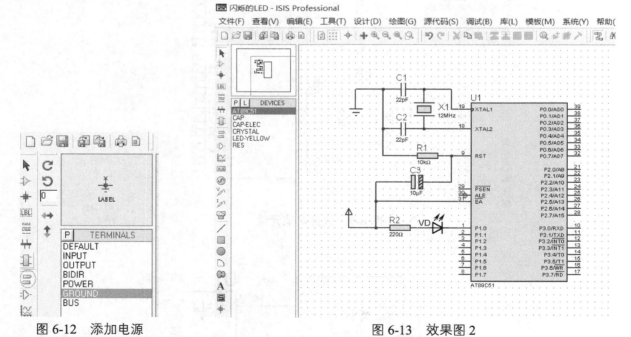

图 6-12　添加电源　　　　　　　　　　　图 6-13　效果图 2

6．编辑元件设置参数

双击元件，会弹出相应元件的参数。

双击电容 C1，将其电容值修改为 22pF，如图 6-14 所示。

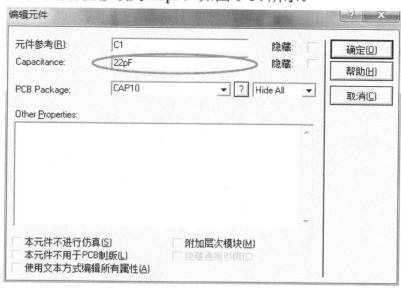

图 6-14　设置电容参数

依次设置各个元件的参数，参数设置完成图如图 6-15 所示。

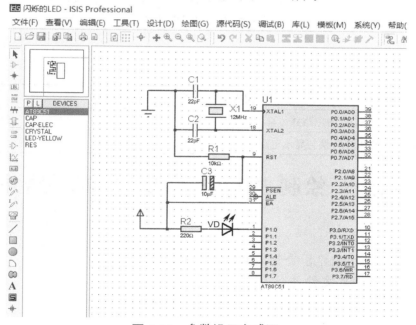

图 6-15　参数设置完成图

至此，已经完成了一个简单电路的绘制。

二、Proteus 电路仿真

1. 载入 HEX 文件

双击画面中单片机的图像，打开编辑元件窗口，单击 按钮，找到在 Keil μVision 软件中工程存放的文件夹，选择编译好的 HEX 格式文件，导入该文件。

2. 仿真调试

在界面左下角有 ▶ ▮▶ ▮▮ ▮ 仿真控制按钮，这 4 个按钮分别代表运行、单步运行、暂停和停止。正确导入 HEX 格式文件后，单击 ▶ 按钮就可以运行程序了。效果图 3 如图 6-16 所示。在运行时，电路中输出的高电平用红色表示，低电平用蓝色表示。

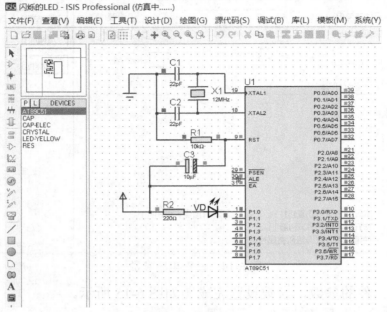

图 6-16 效果图 3

 学习流程与活动

步　　骤	学习内容与活动	建议学时
1	绘制"点亮一个 LED"的电路并仿真	2
2	绘制 ADC0832 的 A/D 转换与显示电路	2

学习活动一　绘制"点亮一个 LED"的电路并仿真

 学习目标

1. 能够学会使用 Proteus7.8 绘制简单电路。
2. 能够学会下载 HEX 文件并仿真。

 建议学时

2 学时

 学习准备

使用 Proteus7.8 仿真软件进行学习。

学习过程

一、实例操作

根据上述对 Proteus7.8 的讲解，绘制如图 6-17 所示的图形，将相应的 HEX 文件下载到电路中并进行仿真。

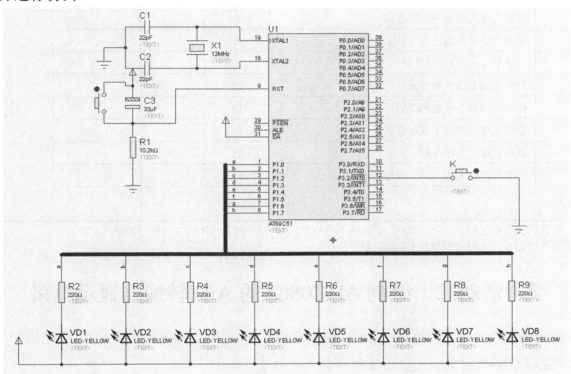

图 6-17 流水灯电路图

在本例中，要注意完成以下几个问题。

（1）会查找元件。

（2）会连接元件。

（3）会设置元件的参数。

（4）能够放置电源符号。

（5）能够下载 HEX 文件并仿真。

这里需要特别注意一个问题：每个元件的名称都必须是唯一的、不能相同，而且相同类型的元件应该从 1 开始编号。

二、思考

图 6-17 中的粗线条是什么？如何画出来？画的时候应该注意什么问题？

评价与分析

通过本次学习活动，掌握 Proteus 的仿真方法，掌握 Proteus 的电路搭建方法，能够学会使用 Proteus7.8 绘制简单电路，能够学会下载 HEX 文件并仿真，开展自评和教师评价，填写表 6-2。

表6-2　活动过程评价表

班　　级		姓　　名		学　　号			日　　期	
序　　号	评价要点			配分/分	自　　评	教师评价	总　　评	
1	掌握正确打开Proteus的方法			5				
2	掌握Proteus的界面结构			5				
3	掌握连接及删除导线的方法			5				
4	掌握元件参数的设置方法			5				
5	理解Proteus的类别含义			5			A	
6	能够正确查找和布置元件			15			B	
7	能够完成整个电路的绘制			15			C	
8	能够完成程序的下载与仿真			15			D	
9	能够完成思考题内容			15				
10	能够与同组成员共同完成任务			15				
小结与建议			合计	100				

注：总评档次分配包括0～59分（D档）；60～74分（C档）；75～84分（B档）；85～100分（A档）。
根据合计的得分，在相应的档次上打钩。

学习活动二　绘制ADC0832的A/D转换与显示电路

 学习目标

1. 能够学会使用Proteus7.8绘制一般的电路。
2. 进一步学会下载HEX文件并仿真。

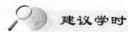 **建议学时**

2学时

 学习准备

使用Proteus7.8仿真软件进行学习。

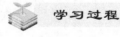 **学习过程**

一、实例操作

如图6-18所示，使用ADC0832（A/D转换芯片）先将模拟信号转换成数字信号，这个过程简称模/数（A/D）转换，然后将数字信号通过液晶屏（LCD）1602显示出来。

在学习活动一的基础上进一步学习Proteus7.8仿真软件的应用。

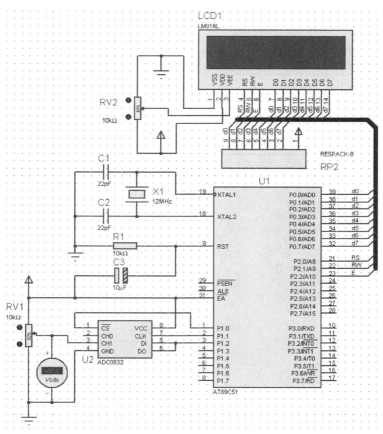

图 6-18 ADC0832 电路图

二、注意事项

（1）在本例中，要注意网络标号的放置。

（2）在仿真时，通过单击电位器 RV1 的上下箭头来调节电阻大小，从而调节电压的大小，从电压表中可以看出电压大小。查看 LCD1602 显示的内容，两者基本无差别，仿真成功。

 评价与分析

通过本次学习活动，能够学会使用 Proteus7.8 绘制一般的电路，进一步学会下载 HEX 文件并仿真，开展自评和教师评价，填写表 6-3。

表 6-3 活动过程评价表

班 级		姓 名		学 号			日 期	
序 号	评价要点			配分/分	自 评	教师评价	总 评	
1	理解总线的含义并能够绘制总结图			10			A B C D	
2	理解网络标号的含义及放置方法			10				
3	掌握连线的方法			10				
4	懂得准确放置电源			10				
5	掌握删除与调整连线的方法			10				
6	能够正确查找元件			10				
7	能够正确布置元件			10				

序　号	评价要点	配分/分	自　评	教师评价	总　评
8	能够完成整个电路的绘制	10			A B C D
9	能够完成程序的下载与仿真	10			
10	能够与同组成员共同完成任务	10			
小结与建议		合计	100		

注：总评档次分配包括0~59分（D档）；60~74分（C档）；75~84分（B档）；85~100分（A档）。

根据合计的得分，在相应的档次上打钩。

任务七 流水灯的制作

1. 掌握 C 语言中 for 循环语句的用法。
2. 掌握流水灯电路的搭建方法。

 任务内容

一、流水灯的概念

单一流水灯的效果为：LED 从头开始依次亮起。即从 VD1 亮其他灭，到 VD2 亮其他灭，再到 VD3 亮其他灭，以此类推。

流水灯制作将分为两个方面：电路和程序。

二、电路

由 AT89S51 单片机的 I/O 端口驱动能力得知，要点亮 LED，就要加注电流，同时，因为流水灯需要的 LED 很多，流入单片机的电流将是巨大的，因此每个 LED 都需要通过电阻控制电流。流水灯效果图如图 7-1 所示。

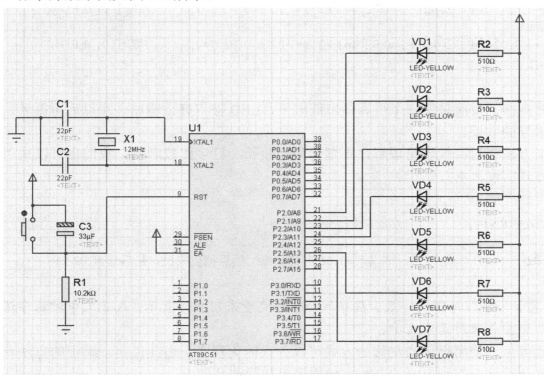

图 7-1 流水灯效果图

三、程序

根据图 7-1 可知，8 个 LED 接在 P2 口上，每一个引脚连接一个 LED。为了实现流水灯的效果，必须依次点亮各个 LED，我们可以采用整个端口控制的方式进驱动。在前面的任务中已经学习了单片机端口控制的方法。若在单片机的特殊功能寄存器 P2 的对应位写入 0，则可点亮该位对应引脚的 LED；若在单片机的特殊功能寄存器 P2 的对应位写入 1，则可熄灭该位对应引脚的 LED。根据这个原理，我们可以采用字节控制的方式实现流水灯制作，也可以采用位控制的方式实现流水灯制作。

采用字节控制的方式实现流水灯制作的代码如下。

```
P2=0xfe;
delay();
P2=0xfd;
delay();
…
```

以此类推，每次只让 P2 寄存器的一个位为 0，其他的位为 1，每输出一次，就进行适当的延时，当输出 8 次以后再循环，即可得到流水灯的效果。

采用位控制的方式实现流水灯制作的代码如下。

```
P2^0=0;P2^1=1;P2^2=1;P2^3=1;P2^4=1;P2^5=1;P2^6=1;P2^7=1;      //等于 0，LED 亮
delay();
P2^0=1;P2^1=0;P2^2=1;P2^3=1;P2^4=1;P2^5=1;P2^6=1;P2^7=1;      //等于 0，LED 亮
delay();
P2^0=1;P2^1=1;P2^2=0;P2^3=1;P2^4=1;P2^5=1;P2^6=1;P2^7=1;      //等于 0，LED 亮
delay();
P2^0=1;P2^1=1;P2^2=1;P2^3=0;P2^4=1;P2^5=1;P2^6=1;P2^7=1;      //等于 0，LED 亮
delay();
…
```

以此类推，每次只使一个引脚输出低电平，LED 被点亮。输出 8 次以后再循环，也可以得到流水灯的效果。

以上方法相对比较容易理解，不过篇幅比较长，打字比较麻烦。我们也可以采用左移、右移的方式实现流水灯制作。

参考程序如下。

```
for(x=0;x<8;x++)          //循环 8 次
{
    P2=~(0x01<<x);        //首先使 0x01 左移 x 位，然后按位取反，最后送到 P2 口
}
```

【注意】为和程序保持一致，程序注释中的变量采用正体表示，或正文中对程序语句解释时出现的变量也采用正体表示。

由此可见，使用循环与左移的方式可以大大简化程序。由此说明，编程的方法有很多，我们需要开动脑筋想到更好的办法，使程序更加简洁高效。

扩展阅读

以下是 C 语言编程的相关知识。

1. 数据类型

C 语言的数据类型有整型、浮点型、字符型、布尔型，如表 7-1 所示（布尔型未列出）。

表 7-1　C 语言的数据类型表

类　　型	有无符号	关　键　字	所占位数	数的表示范围
整型	有	（signed）int	16	−32768～32767
		（signed）short	16	−32768～32767
		（signed）long	32	−2147483648～2147483647
	无	unsigned int	16	0～65535
		unsigned long int	16	0～65535
		unsigned short int	32	0～4294967295
浮点型	有	float	32	3.4e−38～3.4e38
	有	double	64	1.7e−308～1.7e308
字符型	有	char	8	−128～127
	无	unsigned char	8	0～255

单片机 C 语言的扩充数据类型。

sfr：特殊功能寄存器声明。

sfr16：sfr 的 16 位数据声明。

sbit：特殊功能位的声明。

bit：位变量的声明，范围为 0～1。

2. 常量

常量是指在程序执行过程中其值不能改变的量。C51 支持整型常量、浮点型常量、字符型常量和字符串型常量。

（1）整型常量。

整型常量也就是整型常数，根据其值的范围，在计算机中分配不同的字节数来存放整型常量。在 C51 中，它可以被表示成以下几种形式。

① 十进制整数。例如，234、−56、0 等。

② 十六进制整数。以 0x 开头表示，如 0x12 表示十六进制整数。

③ 长整数。在 C51 中，若一个整数的值达到长整型的范围，则该整数按长整型存放，在存储器中占 4 字节。另外，若一个整数后面加一个字母 L，则这个整数在存储器中也按长整型存放。例如，123L 在存储器中占 4 字节。

（2）浮点型常量。

浮点型常量也就是实型常数，有十进制表示形式和指数表示形式。

十进制表示形式又称定点表示形式，由数字和小数点组成。例如，0.123、34.645 等都是十进制数表示形式的浮点型常量。

指数表示形式为：[±]数字[.数字] e[±]数字。例如，123.456e−3、−3.123e2 等都是指数形式的浮点型常量。

（3）字符型常量。

字符型常量是用单引号引起的字符，如'a'、'1'、'F'等。字符型常量可以是可显示的ASCII字符，也可以是不可显示的控制字符。对不可显示的控制字符，须在其前面加上反斜杠"\"，组成转义字符。利用反斜杠可以完成一些特殊功能和输出时的格式控制。常用的转义字符表如表7-2所示。

表7-2 常用的转义字符表

转义字符	含 义	ASCII码（十六进制数）
\o	空字符（null）	00H
\n	换行符（LF）	0AH
\r	回车符（CR）	0DH
\t	水平制表符（HT）	09H
\b	退格符（BS）	08H
\f	换页符（FF）	0CH
\'	单引号	27H
\"	双引号	22H
\\	反斜杠	5CH

（4）字符串型常量。

字符串型常量由双引号引起的字符组成，如"D"、"1234"、"ABCD"等。注意字符串型常量与字符型常量不一样，一个字符型常量在计算机内只用1字节存放，而一个字符串型常量在内存中存放时不仅双引号内的字符一个占1字节，而且系统会自动在后面加一个转义字符"\0"作为字符串结束符。因此，不要将字符型常量和字符串型常量混淆，如字符型常量'A'和字符串型常量"A"是不一样的。

3．变量

变量是指在程序运行过程中其值可以改变的量。一个变量由3部分组成：数据类型+变量名+变量初值。

在C51中，在使用变量前必须对其进行定义，指出变量的数据类型。以便编译系统为它分配相应的存储单元。定义变量的格式如下。

数据类型 变量名=变量初值;

变量名是C51为区分不同变量而取的名称。在C51中，规定变量名可以由字母、数字和下画线3种字符组成，且第一个字母必须为字母或下画线。

变量初值如果没有被定义，即定义的格式如下。

数据类型 变量名;

那么程序会默认初值为0。

4．运算符

（1）赋值运算符：=。

在C51中，赋值运算符的功能是将一个数据的值赋给一个变量，如x=10。利用赋值运算符将一个变量与一个表达式连接起来的式子称为赋值表达式，在赋值表达式的后面加一个分号";"，就构成了赋值语句，一个赋值语句的格式如下。

变量=表达式;

执行时先计算出右边表达式的值，然后将其赋给左边的变量。例如：

```
x=8+9;        /*将 8+9 的值赋给变量 x*/
x=y=5;        /*将常数 5 同时赋给变量 x 和 y*/
```

在 C51 中，允许在一个语句中同时给多个变量赋值，赋值顺序自右向左。

（2）算术运算符：+、−、*、/、%（加、减、乘、除、取余）。

加、减、乘运算相对比较简单，而对于除运算，若相除的两个数为浮点数，则运算的结果也为浮点数；若相除的两个数为整数，则运算的结果也为整数，即整除。例如，25.0/20.0 的结果为 1.25，而 25/20 的结果为 1。

对于取余运算，则要求参加运算的两个数必须为整数，运算结果为它们的余数。例如：x=5%3，结果 x 的值为 2。

（3）关系运算符：>、>=、<=、<、==、!=（大于、大于或等于、小于或等于、小于、等于、不等于）。

关系运算用于比较两个数的大小，用关系运算符将两个表达式连接起来形成的式子称为关系表达式。关系表达式通常用来作为判别条件构造分支或循环程序。关系表达式的一般形式如下。

关系运算的结果为逻辑量，成立为真（1），不成立为假（0）。其结果可以作为一个逻辑量参与逻辑运算。例如，5>3 的结果为真（1），而 10==100 的结果为假（0）。

注意：关系运算符"=="是由两个"="组成的。

（4）逻辑运算符：&&、||、!（与、或、非）。

关系运算符用于反映两个表达式之间的大小关系，逻辑运算符则用于求表达式的逻辑值，用逻辑运算符将关系表达式或逻辑量连接起来的式子就是逻辑表达式。

逻辑"与"格式：

条件式 1 && 条件式 2

当条件式 1 与条件式 2 都为真时，结果为真（非 0 值），否则为假（0 值）。

逻辑"或"格式：

条件式 1 || 条件式 2

当条件式 1 与条件式 2 都为假时，结果为假（0 值），否则为真（非 0 值）。

逻辑"非"格式：

!条件式

当条件式原来为真（非 0 值）时，逻辑非后结果为假（0 值）；当条件式原来为假（0 值）时，逻辑非后结果为真（非 0 值）。

例如：若 a=8，b=3，c=0，则!a 为假，a&&b 为真，b&&c 为假。

（5）位运算符：&、^、|、~、>>、<<（按位与、按位异或、按位或、按位取反、右移、左移）。

C51 能对运算对象按位进行操作，它使用起来与汇编语言一样方便。位运算是按位对变量进行运算的，但并不改变参与运算的变量的值。如果要求按位改变变量的值，那么要利用相应的赋值运算。C51 中的位运算符只能对整数进行操作，不能对浮点数进行操作。

【例】设 a=0x54=0b01010100，b=0x3b=0b00111011，则 a&b、a|b、a^b、~a、a<<2、b>>2 分别为多少？（0b 开头的数为二进制数）

a&b=0b00010000=0x10　　　a|b=0b01111111=0x7f　　　a^b=0b01101111=0x6f
~a=0b10101011=0xab　　　a<<2=0b01010000=0x50　　　b>>2=0b00001110=0x0e

在 C51 中，经常会看到"//X""/*X*/"，其中//、/**/为注释符号，X 为注释内容。"//"仅仅只能注释单行，而"/*X*/"可以注释任意行（多行）。

编译器是不会读取注释的内容的，注释是给人看的，有了注释，能增加代码的可读性。

5．单片机 C 语言的基本语句

（1）选择语句。

① if 语句。

```
if(条件){ 语句1;}  //若条件成立，则执行语句1
else{语句2;}        //否则之意，若条件不成立，则执行语句2，不需要else时可省略
```

② switch 语句。

```
switch(表达式)     //根据"表达式"的值，选择执行第几个"case"后的语句
{
case 表达式1：     /*"表达式"的值等于"表达式1"的值，先执行语句1，再执行break语句跳出整
                     个语句*/
     语句1; break;
case 表达式2：     /*"表达式"的值等于"表达式2"的值，先执行语句2，再执行break语句跳出整
                     个语句*/
     语句2; break;
case 表达式n：     /*"表达式"的值等于"表达式n"的值，先执行语句n，再执行break语句跳出整
                     个语句*/
     语句n; break;
default：语句；    /*若"表达式"的值都不等于上述的"表达式1"～"表达式n"的值，则执行这个
                     分支里的语句，即默认执行的语句*/
}
```

（2）循环语句。

① for 循环语句。

```
for(表达式1; 表达式2; 表达式3)
{
              //表达式1用于变量声明并赋数值，表达式2用于条件判断，表达式3用于改变条件
     语句；
              //表达式1只执行一次，表达式3在表达式2判断成立（为真）并且执行语句后才执行
}
```

② while 语句。

```
while(条件)
{
              //当条件成立（为真）时，将会一直执行语句，直到条件不成立
     语句；
}
```

③ do...while 语句。

```
do
{
              /*先执行语句，再判断条件是否成立（为真）时，若为真则一直循环，若为假则跳
                出循环*/
     语句；
}while(条件);
```

（3）跳出语句。

① break 语句。

前面已经介绍过用 break 语句可以跳出 switch 语句，使程序继续执行 switch 语句后面的一个语句。使用 break 语句还可以从循环体中跳出循环，提前结束循环而继续执行循环结构后面的语句。它不能用在除循环语句和 switch 语句之外的任何其他语句中。

② continue 语句。

continue 语句用在循环结构中，用于结束本次循环，跳过循环体中 continue 下面尚未执行的语句，直接进行下一次是否执行循环的判定。continue 语句和 break 语句的区别在于：continue 语句只是结束本次循环而不是终止整个循环；break 语句则是结束循环，不再进行条件判断。

（4）返回语句。

return 语句。

return 语句一般被放在函数的最后位置，用于终止函数的执行，并控制程序返回调用该函数时所处的位置。返回时还可以通过 return 语句带回返回值。

return 语句有如下两种格式。

① return;

② return (表达式);

若 return 语句后面带有表达式，则要计算表达式的值，并将表达式的值作为函数的返回值。若 return 语句后面不带表达式，则函数返回时将返回一个不确定的值。通常我们用 return 语句将调用函数取得的值返回给主调用函数。

6. 函数的定义

函数定义的一般格式如下。

```
函数类型　函数名(形式参数表)
{
    局部变量定义
    函数体
}
```

格式说明如下。

① 函数类型。

函数类型说明了函数返回值的类型（数据类型）。

② 函数名。

函数名是用户为自定义函数取的名字，以便调用函数时使用。

③ 形式参数表。

形式参数表用于列在主调函数与被调用函数之间，是进行数据传递的形式参数。

以上就是 C 语言的相关知识。

 学习流程与活动

步　骤	学习内容与活动	建议学时
1	顺序型流水灯的制作	2
2	循环型流水灯的制作	2

学习活动一 顺序型流水灯的制作

学习目标

1. 理解顺序型流水灯的结构。
2. 能够运用赋值语句实现顺序型功能。

建议学时

2 学时

学习准备

使用 Keil μVision4 开发软件和 Proteus7.8 仿真软件进行学习。

学习过程

一、实例操作

顺序型流水灯电路图如图 7-2 所示。

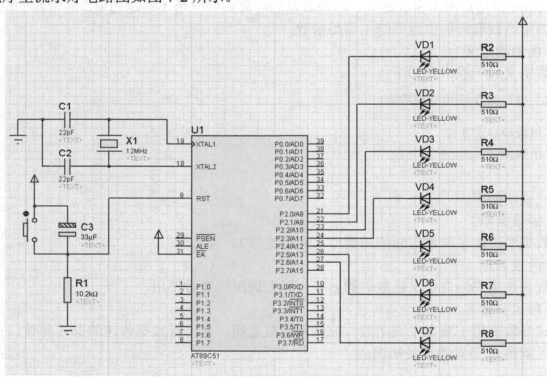

图 7-2 顺序型流水灯电路图

二、参考程序

整个参考程序如下。

```
#include<reg52.h>              //导入头文件
void delay()          /*延时函数，将循环50×1000次空白语句，达到延时效果*/
{
    int i,j;                   //声明两个变量i和j，用于for循环语句的循环变量
    for(i=0;i<50;i++)          //循环50次
    {
        for(j=0;j<1000;j++);   //循环1000次
    }
}
void main(void)                //主函数，每个程序有且只有一个
{
    while(1)                   //一直循环
    {
    /*位操作，十六进制数会自动转成二进制数，二进制数中的每一位对应PX（X为0、1、2、3）
      I/O端口的每一位*/
    /*其中，PX.0为低位，PX.7为高位 */
        P2=0xFE;               //1111 1110，除P2.0外，其余全部为1（高电平）
        delay();
        P2=0xFD;               //1111 1101，除P2.1外，其余全部为1（高电平）
        delay();
        P2=0xFB;               //1111 1011，除P2.2外，其余全部为1（高电平）
        delay();
        P2=0xF7;               //1111 0111
        delay();
        P2=0xEF;               //1110 1111
        delay();
        P2=0xDF;               //1101 1111
        delay();
        P2=0xBF;               //1011 1111
        delay();
        P2=0x7F;               //0111 1111
        delay();
    }
}
```

请同学们通过仿真验证，并在单片机实训设备上再次验证。

三、思考

请同学们认真思考，除了上面的方法可以实现流水灯功能，还有别的方法吗？

评价与分析

通过本次学习活动，掌握C语言中for循环语句的用法，掌握流水灯电路的搭建方法，理解顺序型流水灯的结构，能够运用赋值语句实现顺序型功能，开展自评和教师评价，填写表7-3。

表7-3　活动过程评价表

班　级		姓　名		学　号		日　期	
序　号	评价要点			配分/分	自　评	教师评价	总　评
1	掌握各种运算符			10			
2	掌握3种循环体			10			
3	掌握常用的数据类型			10			
4	掌握跳出语句的使用方法			10			
5	能够正确绘制电路图			10			A B C D
6	能够正确运用for循环语句写出顺序结构			10			
7	能够完成整个程序的编写			10			
8	能够完成程序的仿真			10			
9	能够完成思考题			10			
10	能够与同组成员共同完成任务			10			
小结与建议			合计	100			

注：总评档次分配包括0～59分（D档）；60～74分（C档）；75～84分（B档）；85～100分（A档）。
根据合计的得分，在相应的档次上打钩。

学习活动二　循环型流水灯的制作

学习目标

1. 理解循环型流水灯的结构。
2. 能够运用for循环语句及位运算符实现循环型功能。

建议学时

2学时

学习准备

使用Keil μVision4开发软件和Proteus7.8仿真软件进行学习。

学习过程

一、实例操作

循环型流水灯电路图如图7-3所示。

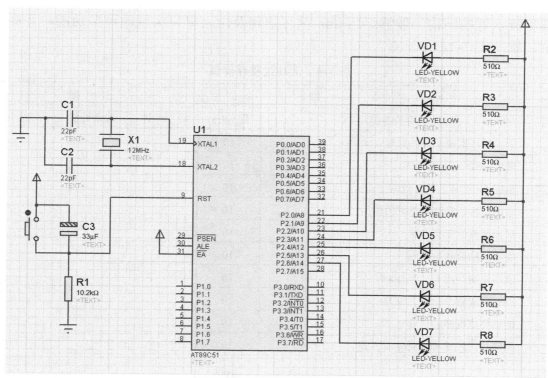

图 7-3　循环型流水灯电路图

二、参考程序

参考主程序如下。

```
void main()
{
    int X;                    //声明变量 X，用于 for 循环
     while(1)
    {
        for(X=0;X<8;X++)      //因为 LED 有 8 个，所以要循环 8 次
        {
            /*0x01 左移 X 位，当 X 循环到 1 时，即 0000 0001 左移 1 位等于 0000
              0010；当 X 循环到 2 时，即 0000 0010 左移 1 位等于 0000 0100。后
              面以此类推。因为 LED 要低电平才能亮，所以需要增加取反符号，
              使得 0000 0001 变成  1111 1110 */
            P2=~(0x01<<X);
            delay();
        }
    }
}
```

上述程序为主程序，delay()函数不变，沿用学习活动一的 delay()函数。

请同学们通过仿真验证，并在单片机实训设备上再次验证。

✎ **评价与分析**

通过本次学习活动，掌握 C 语言中 for 循环语句的用法，掌握流水灯电路的搭建方法，理解循环型流水灯的结构，能够运用 for 循环语句及位运算符实现循环型功能，开展自评和教师评价，填写表 7-4。

表 7-4　活动过程评价表

班　级		姓　名		学　号			日　期	
序　号	评价要点			配分/分	自　评	教师评价	总　评	
1	掌握循环型流水灯的原理			10				
2	理解 LED 的驱动原理			10				
3	掌握 for 循环的执行过程			10			A	
4	掌握左移、右移运算符的使用			10			B	
5	掌握函数的定义方法			10			C	
6	能够正确绘制电路图			10			D	
7	能够正确写出 for 循环结构			10				
8	能够完成整个程序的编写			10				
9	能够完成程序的仿真			10				
10	能够与同组成员共同完成任务			10				
小结与建议		合计		100				

注：总评档次分配包括 0～59 分（D 档）；60～74 分（C 档）；75～84 分（B 档）；85～100 分（A 档）。

根据合计的得分，在相应的档次上打钩。

任务八　51单片机的输入设备

任务目标

1. 掌握独立按键的原理。
2. 掌握矩阵按键的原理。
3. 能够检测按键。

任务内容

按键是单片机应用中必不可少的输入元件，现在介绍独立按键的工作原理。

一、独立按键

按键按照结构原理可分为两类，一类是触点式开关按键，如机械式开关、导电橡胶式开关等；另一类是无触点式开关按键，如电气式按键、磁感应按键等。前者造价低，后者寿命长。目前，单片机系统中最常见的按键是触点式开关按键。

触点式开关按键的内部原理图如图8-1所示。

独立按键的4个引脚两两一组。每一组的两个引脚是连在一起的，当按键被按下时，两组相连，即导通。

图8-1　触点式开关按键的内部原理图

1. 输入原理

在单片机系统中，除了复位按键有专门的复位电路及专门的复位功能，其他按键都是以开关状态来设置控制功能或输入数据的。当按键未被按下时，上拉电阻（P0没有上拉电阻，若使用P0，则需要加接一个上拉电阻）的存在使端口被检测为高电平；当按键被按下时，对应的端口会变为低电平，程序通过循环检测端口的高低电平变化即可检测到哪个按键被按下。程序若检测到I/O端口变为低电平，则说明按键被按下，便会执行相应的指令。

图8-2所示为按键连接图。

2. 按键结构与特点

单片机键盘通常使用触点式开关按键，其主要功能是将机械上的通断转换为电气上的逻辑关系。也就是说，触点式开关按键能提供标准的TTL逻辑电平，以便于同通用数字系统的逻辑电平相容。触点式开关按键在被按下或被释放时，由于机械弹性作用，因此通常先有一定时间的触点机械抖动，然后其触点才能稳定下来。按键抖动图如图8-3所示，抖动时间的长短与按键的机械特性有关，一般为5～10ms。在触点抖动期间检测按键的通与断，可能会导致判断出错，即按键被一次按下或被一次释放，会被错误地认为是多次操作，这种情况是不允许出现的。为了克服按键触点机械抖动所导致的检测误判，必须采取消除抖动（简称消抖）措施。当按键较少时，可采用硬件消抖方式；当按键较多时，可采用软件消抖方式。

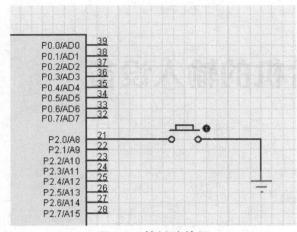

图 8-2　按键连接图

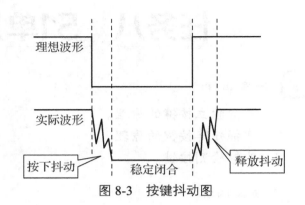

图 8-3　按键抖动图

（1）硬件消抖方式。

硬件消抖方式一般会采用在按键两端并联电容的方法，即通过电容的充放电作用将按键按下时的高频振荡吸收掉。单纯的硬件消抖是不够的，虽然这能够消除大部分的抖动信号，但在软件设计上仍然需要对抖动进行去除。图 8-4 所示为硬件消抖方式。

（2）软件消抖方式。

软件消抖的程序控制思路比较简单，一般通过延时来解决消抖的问题。当单片机检测到按键被按下时，不会立即触发对应功能的控制，而是经过短暂的延时后，再去判断当前端口的电平信号，如果仍然检测到电平为按键被按下时的电平，那么才会认为当前按键被按下。延时的这段时间正好是按键抖动发生的时间，再次检测时，按键已经被稳定按下了，从而达到消抖的效果。软件消抖流程图如图 8-5 所示。

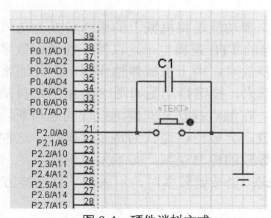

图 8-4　硬件消抖方式

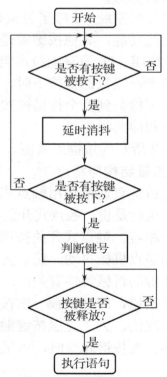

图 8-5　软件消抖流程图

参考代码如下。

```
if(KEY==0)                    //按键 KEY 是否被按下
{
    delay1ms(10);             //延时 10ms 消抖
    if(KEY==0)                //再次判断按键 KEY 是否被按下
    {                         //加入处理代码
        while(KEY==0);        //等待按键被松开
    }
}
```

二、矩阵按键

1．矩阵按键的介绍

在单片机系统中，若要使用的按键较多，如电子密码锁、电话机键盘等一般都有 12～16 个按键，则通常采用矩阵按键。

矩阵按键又称行列式按键，它是用多条 I/O 线作为行线、多条 I/O 线作为列线组成的键盘。常用的矩阵按键是 4×4 的 16 键键盘，行线、列线各 4 条。在行线和列线的每个交叉点上设置一个按键，这样键盘上按键的个数为 4×4=16 个。这种行列式按键结构能有效地提高单片机系统中 I/O 端口的利用率。

常见的矩阵按键布局如图 8-6 所示，图中的矩阵按键由 16 个按键组成，在单片机系统中正好可以用一个 P 口实现 16 个按键功能，这也是单片机系统中最常用的形式。

图 8-6　常见的矩阵按键布局

4×4 矩阵按键的内部电路图如图 8-7 所示。

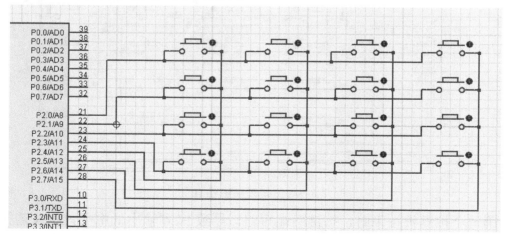

图 8-7　4×4 矩阵按键的内部电路图

2．矩阵按键的工作原理

当无按键被按下时，P2.0～P2.3 与 P2.4～P2.7 之间开路。当有按键被按下时，与被按下的按键相连的两个 I/O 端口导线之间短路。判断有无按键被按下的方法如下。

第一步，置列线 P2.4~P2.7 为输入状态，从行线 P2.0~P2.3 输出低电平，读入列线数据，若某一列线为低电平，则该列线上有按键被按下。

第二步，行线轮流输出低电平，从列线 P2.4~P2.7 读入数据，若有某一列线为低电平，则对应行线上有按键被按下。

结合第一步和第二步的结果，可以确定按键编号。

矩阵按键检测流程图如图 8-8 所示。

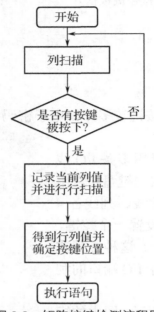

图 8-8　矩阵按键检测流程图

详细的步骤如下。

（1）当按键未被按下时，进行列扫描，即 P2.0~P2.3 输出低电平，P2.4~P2.7 输出高电平。矩阵按键仿真如图 8-9 所示。

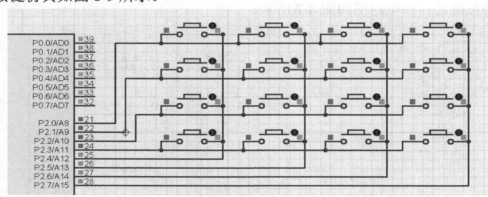

图 8-9　矩阵按键仿真

（2）当第一个按键被按下时，按键两端短路，导致 P2.4 输出低电平，P2.4 连接的 4 个按键两端都为低电平。此时确定了是第一列按键被按下，但是不能确定是哪个按键被按下，如图 8-10 所示。

（3）记录按下的列值：第一列。接下来进行行扫描，P2.0~P2.3 输出高电平，P2.4~P2.7 输出低电平。因为第一个按键被按下，所以得到第一行全部为低电平，再与之前记录按下的列值（第一列）相结合，就可以知道按下的是第一行第一列的按键，即第一个按键，如图 8-11 所示。

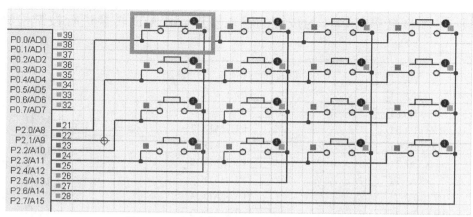

图 8-10   矩阵按键第一个按键被按下 1

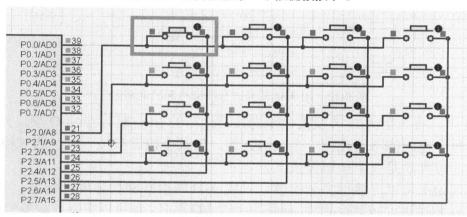

图 8-11   矩阵按键第一个按键被按下 2

对其他按键的检测方法是一样的。根据上述检测方法，可以得到 16 个按键的编号，单片机根据编号响应不同的动作。

在检测矩阵按键过程中，如何消抖呢？

消抖可以在矩阵按键判断键值之前进行，比如：先使行线全部输出低电平，使列线全部输出高电平，直接检测列线是否有低电平输出，若有则说明有可能有按键被按下，然后延时约 10ms，再次重复上述检测，此时还是检测到按键被按下，则说明确实有按键被按下，最后进行按键键值判断。

三、独立按键与矩阵按键的比较

独立按键相对矩阵按键要简单，检测程序也简单。不过每个按键要占用一个 I/O 端口。

矩阵按键相对复杂，检测程序也复杂，不过占用的 I/O 端口要少很多。

使用时可以根据单片机的电路复杂程度选用合适的按键类型，原则是：简单、高效、稳定。

扩展阅读

在单片机的控制线路中，按键几乎是必不可少的人机交互设备。独立按键与矩阵按键应用非常广泛。在需要按键不多的情况下，使用独立按键就可以了，如果需要的按键很多，那么只能使用矩阵按键，不过虽然矩阵按键占用的 I/O 端口相比独立按键少很多，但是占用的 I/O 端口数也比较多，这就使得在一些 I/O 端口紧张的应用中使用矩阵按键变得很困难，有没有更好的方法呢？

此时可以使用 A/D 转换接口作为按键的输入接口。用 A/D 转换进行按键检测的电路图如图 8-12 所示。

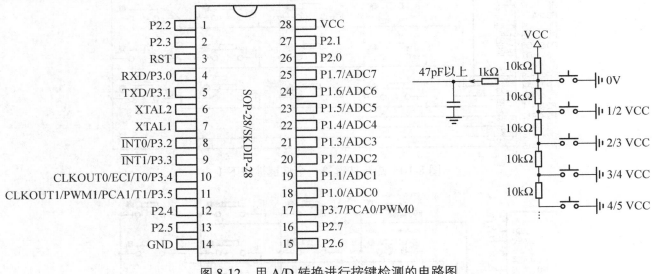

图 8-12 用 A/D 转换进行按键检测的电路图

在图 8-12 中，将一个 A/D 转换接口作为按键检测的 I/O 端口，此 I/O 端口外接若干相同阻值的电阻，每个电阻的下端连接一个按键到地。当某个按键被按下时，通过检测该 I/O 端口的电压大小即可判断是哪个按键被按下。

这种电路理论上可以连接很多个按键，只要 A/D 转换能够稳定地区分每一个按键即可。

当使用 A/D 转换进行按键检测时，只使用一个 I/O 端口，却可以实现检测多个按键的功能，相比上面的独立按键与矩阵按键，A/D 转换的优势非常明显。不过 A/D 转换也有一个缺点，即按键有优先权的区别。如图 8-12 所示，当最上面的按键被按下时，下面的所有按键都失效，说明最上面的按键优先权最高，然后到第二个，以此类推，优先权最低的是最下面的一个按键。

 学习流程与活动

步　骤	学习内容与活动	建议学时
1	独立按键的应用	2
2	矩阵按键的应用	2

学习活动一　独立按键的应用

 学习目标

1. 能够理解独立按键的工作原理。
2. 掌握独立按键消抖的方法。
3. 能够正确检测独立按键。

 建议学时

2 学时

学习准备

使用 Keil μVision4 开发软件和 Proteus7.8 仿真软件进行学习。

学习过程

一、实例操作

按下独立按键 K1，LED 亮；断开独立按键 K1，LED 灭。点亮 LED 电路图如图 8-13 所示。

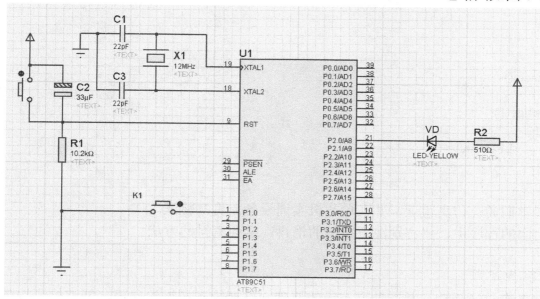

图 8-13　点亮 LED 电路图

二、参考程序

参考程序如下。

```c
#include<reg51.h>
sbit LED1=P2^0;
sbit K1=P1^0;
void delay_ms(unsigned int ms)
{
    unsigned int i;
    unsigned int j;
    for(i=0;i<ms;i++)
        for(j=0;j<300;j++);
}
void main()
{
    while(1)
    {
        if(K1==0)
        {
            delay_ms(10);
            if(K1==0)
```

```
        {
            LED1=0;
        }
    else
        {
            LED1=1;
        }
    }
}
```

或

```
void main()
{
    while(1)
    {
        LED1=K1;
    }
}
```

请同学们通过仿真验证，并在单片机实训设备上再次验证。

在上面的程序中，要特别注意按键的消抖，学会消抖的方法。

 评价与分析

通过本次学习活动，掌握独立按键的原理，掌握矩阵按键的原理，能够检测按键，能够理解独立按键的工作原理，掌握独立按键消抖的方法，能够正确检测独立按键，开展自评和教师评价，填写表8-1。

表8-1 活动过程评价表

班　　级		姓　　名		学　　号			日　　期	
序　　号	评价要点				配分/分	自　评	教师评价	总　　评
1	掌握独立按键的原理				10			
2	掌握独立按键的检测方法				10			
3	掌握独立按键的消抖方法				10			
4	掌握独立按键的响应方式				10			
5	掌握扩展阅读的知识				10			A
6	能够正确绘制仿真电路图				10			B
7	能够正确写出 if 语句函数				10			C
8	能够完成整个程序的编写				10			D
9	能够完成程序的仿真				10			
10	能够与同组成员共同完成任务				10			
小结与建议		合计			100			

注：总评档次分配包括0~59分（D档）；60~74分（C档）；75~84分（B档）；85~100分（A档）。
根据合计的得分，在相应的档次上打钩。

学习活动二 矩阵按键的应用

学习目标

1. 理解矩阵按键的工作原理。
2. 能够正确识别矩阵按键。

建议学时

2 学时

学习准备

使用 Keil μVision4 开发软件和 Proteus7.8 仿真软件进行学习。

学习过程

运用矩阵按键控制 LED 的亮灭。

一、实例操作

运用矩阵按键控制 LED 电路图如图 8-14 所示。

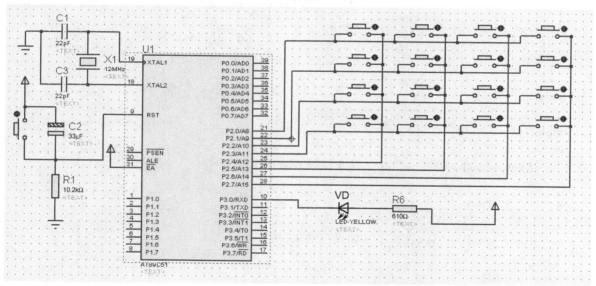

图 8-14 运用矩阵按键控制 LED 电路图

二、参考程序

参考程序如下。

```
#include<reg51.h>
sbit LED=P3^0;
unsigned char key_scan()
{
    unsigned char key;
```

```
        P2=0xf0;                        //列输出 1，行输出 0
        switch(P2)
        {
            case 0xe0: key=0; break;    //确定第一列有按键被按下
            case 0xd0: key=1; break;    //确定第二列有按键被按下
            case 0xb0: key=2; break;    //确定第三列有按键被按下
            case 0x70: key=3; break;    //确定第四列有按键被按下
            default: return 16;         //如果没有按键被按下，那么返回 16，说明没有按键被按下
        }
        P2=0x0f;                        //列输出 0，行输出 1
        switch(P2)
        {
            case 0x0e: return key;      /*确定按键在第一行。如果是 1 行 1 列，那么按键位置在 0；如
                                          果是 1 行 2 列，那么按键位置在 1。*/
            case 0x0d: return key+4;    /*确定按键在第二行。如果是 2 行 1 列，那么按键位置在 4；如
                                          果是 2 行 2 列，那么按键位置在 5。*/
            case 0x0b: return key+8;    /*确定按键在第三行。如果是 3 行 1 列，那么按键位置在 8；如
                                          果是 3 行 2 列，那么按键位置在 9。*/
            case 0x07: return key+12;   /*确定按键在第四行。如果是 4 行 1 列，那么按键位置在 12；如
                                          果是 4 行 2 列，那么按键位置在 13。*/
            default: return 16;         //如果都没有按键被按下返回 16，那么说明没有按键被按下
        }
                                        /*按键位置布局 0    1    2    3
                                                       4    5    6    7
                                                       8    9    10   11
                                                       12   13   14   15*/
}
void main()
{
    while(1)
    {
        if(key_scan()==0)               //如果按键 0 被按下
        {
            LED=0;
        }
        if(key_scan()==15)              //如果按键 15 被按下
        {
            LED=1;
        }
    }
}
```

三、思考

还有其他编程思路吗？

 评价与分析

通过本次学习活动，掌握独立按键的原理，掌握矩阵按键的原理，能够理解矩阵按键的

工作原理，能够正确识别矩阵按键，开展自评和教师评价，填写表8-2。

表8-2 活动过程评价表

班　级		姓　名		学　号				日　期	
序　号	评价要点			配分/分	自　评	教师评价		总　评	
1	掌握矩阵按键的检测原理			10					
2	掌握矩阵按键的消抖方法			10					
3	掌握矩阵按键的编码方法			10					
4	掌握矩阵按键与独立按键的区别			10					
5	能够正确绘制仿真图			10				A	
6	能够正确使用 switch 语句			10				B	
7	能够正确完成所有编程			10				C	
8	能够正确运用仿真实现功能			10				D	
9	能够找出另一种编程思路			10					
10	能够与同组成员共同完成任务			10					
小结与建议			合计	100					

注：总评档次分配包括0～59分（D档）；60～74分（C档）；75～84分（B档）；85～100分（A档）。
根据合计的得分，在相应的档次上打钩。

任务九 数码管的使用

任务目标

1. 掌握共阴极数码管和共阳极数码管的原理及使用方法。
2. 掌握数码管显示数字的编码方法。
3. 掌握四位一体数码管的原理及使用方法。

任务内容

一、数码管的结构

数码管是一种非常常见的显示设备，在很多需要显示数字的地方都会用到它。它结构简单，稳定性好，容易驱动，价格便宜。

数码管是由 8 个 LED 封装在一起组成的"8"字形的元件。引线已在数码管内部连接完成，只引出它们的各个引脚、公共电极即可。数码管的实物图及结构图如图 9-1 所示。

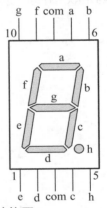

图 9-1　数码管的实物图及结构图

图 9-1 的左边为数码管的实物图，右边为数码管的结构图。

数码管实际上是由 7 个 LED 构成的，LED 排成"8"字形，加上小数点就是共有 8 个 LED。这些段分别由字母 a、b、c、d、e、f、g、h（dp，dp 是小数点的意思）来表示。根据内部接法的不同，数码管又可分成共阳极数码管和共阴极数码管。

共阳极数码管是指将所有 LED 的阳极接到一起形成公共阳极（COM）的数码管。共阳极数码管的内部结构如图 9-2 所示。

共阴极数码管是指将所有 LED 的阴极接到一起形成公共阴极（COM）的数码管。共阴极数码管的内部结构如图 9-3 所示。

以共阳极数码管为例，要想显示数字 0，根据实物图，就要把 a、b、c、d、e、f 段点亮，即将公共端接上正电源，将 a、b、c、d、e、f 段阴极拉低，将其余段拉高，即可显示数字 0。表 9-1 与表 9-2 所示分别为共阳极数码管与共阴极数码管显示 0～9 数字的编码。

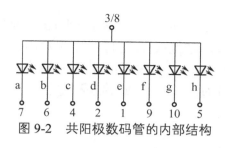

图 9-2　共阳极数码管的内部结构

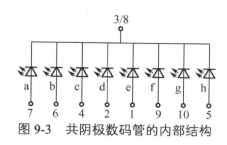

图 9-3　共阴极数码管的内部结构

表 9-1　共阳极数码管显示 0～9 数字的编码

显示数字	h	g	f	e	d	c	b	a	十六进制
0	1	1	0	0	0	0	0	0	0xc0
1	1	1	1	1	1	0	0	1	0xf9
2	1	0	1	0	0	1	0	0	0xa4
3	1	0	1	1	0	0	0	0	0xb0
4	1	0	0	1	1	0	0	1	0x99
5	1	0	0	1	0	0	1	0	0x92
6	1	0	0	0	0	0	1	0	0x82
7	1	1	1	1	1	0	0	0	0xf8
8	1	0	0	0	0	0	0	0	0x80
9	1	0	0	1	0	0	0	0	0x90

表 9-2　共阴极数码管显示 0～9 数字的编码

显示数字	h	g	f	e	d	c	b	a	十六进制
0	0	0	1	1	1	1	1	1	0x3f
1	0	0	0	0	0	1	1	0	0x06
2	0	1	0	1	1	0	1	1	0x5b
3	0	1	0	0	1	1	1	1	0x4f
4	0	1	1	0	0	1	1	0	0x66
5	0	1	1	0	1	1	0	1	0x6d
6	0	1	1	1	1	1	0	1	0x7d
7	0	0	0	0	0	1	1	1	0x07
8	0	1	1	1	1	1	1	1	0x7f
9	0	1	1	0	1	1	1	1	0x6f

表 9-1 和表 9-2 中的 h 也经常表示为 dp，即小数点的意思。以上的编码是在 a 接单片机端口低位、h 接单片机端口高位的情况下得出的，如果连接的方式改变了，那么编码也会跟着改变。

在使用数码管时，为了编程方便，我们经常使用"数组"这种数据类型。下面介绍数组的相关知识。

二、数组

我们在数学上学过数列，用花括号将一组数字括起来，这组数字就变成了一个整体，这个整体用一个大写字母来表示。数列具有无序性、不重复性，我们可以根据数列中数的类型来判断数列的类型。如果将数列的不重复性去掉，并用 a[10]来代表，则 10 为整数代表数的个数，a[0]，a[1]，…，a[9]表示数列中的元素，那么这就成了我们要说的数组。数组有一维数组、二维数组、多维数组，维数越高，数组越复杂。在单片机的平常应用中，一般用到一维数组与二维数组就足够了，多维数组是很少使用的，在这里就不再赘述了。

1. 一维数组

定义一维数组：

数据类型　数组名[常量表达式]

数组名即变量名（定义时必须符合标识符的定义规则），定义数组时须指定数组元素的个数，即方括号中的数为数组元素的个数，注意数组长度和数组元素的表示方式，a[10]表示数组有 10 个数组元素，储存形式为：

a[0]	a[1]	a[2]	a[3]	a[4]	a[5]	a[6]	a[7]	a[8]	a[9]

特别注意，没有 a[10]这个数组元素。常量表达式中可以包括常量和符号常量。例如，"a[3+5]"。如果是在被调用的函数中定义数组，那么其长度可以是变量或变量表达式，例如：

```
void func(int n)
{
    int a[2*n];
    ...
}
```

为了使程序简洁，常在定义数组的同时，给各数组元素赋值，这称为数组的初始化。将数组各个数组元素的初值按顺序放在花括号中，数据间用逗号隔开。

例如：int　a[10]={0,1,2,3,4,5,6,7,8,9};

则 a[0]=0，a[1]=1，a[2]=2，…，a[8]=8，a[9]=9。

也可以给数组的一部分赋值，例如：a[10]={1,2,3,4,5}，则只给前 5 个元素赋初值，系统自动将剩下的数组元素赋值为 0。在给全部数组元素赋初值时，由于数据的个数已确定，因此可以不指定数组长度。例如：int a[]={1,2,3,4,5}，系统会默认数组长度为 5。

2. 二维数组

我们都学过平面坐标，利用平面上两个垂直的坐标轴的距离可以确定平面的位置。二维数组也是这个原理，二维数组常被称为矩阵，我们通常把二维数组写成行和列的排列形式。

定义二维数组：

类型说明符　数组名[常量表达式 (行)][常量表达式(列)]

例如：

```
int   a[3][4]        //3 行 4 列
a[0][0]   a[0][1]   a[0][2]   a[0][3]
a[1][0]   a[1][1]   a[1][2]   a[1][3]
a[2][0]   a[2][1]   a[2][2]   a[2][3]
```

特别注意，没有 a[3][4]这个数组元素。

二维数组的初始化：

分行赋值可以将所有数据写在花括号中，系统会自动按顺序赋值。系统也可对部分数组元素赋值。其实二维数组的初始化与一维数组类似，只要以一维数组类推便可得出。例如：

int a[2][2]={{1,2},{3,4}};//a[0][0]=1,a[0][1]=2,a[1][0]=3,a[1][1]=4

三、数码管的应用

下面我们将以共阳极数码管为例编写程序。在程序中，会用到一维数组的知识。

1. 一位数码管

一位数码管的电路图如图 9-4 所示。

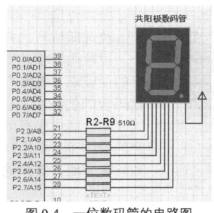

图 9-4　一位数码管的电路图

参考程序如下。

```
#include<Reg51.h>        //头文件
char Yang[]={0xc0,0xf9,0xa4,0xb0,0x99,0x92,0x82,0xf8,0x80,0x90};
                         /*共阳极 0～9 数码的显示编码，在这里用到一维数组，把显示编码全部放到数
                           组中*/
void delay()             //延时函数
{
    unsigned int i;
    unsigned int j;
    for(i=0;i<100;i++)
        for(j=0;j<1000;j++);
}
void P2_Out()           //创建的子函数，用来控制数码管输出
{
    int i;
    for(i=0;i<10;i++)   //循环 10 遍
    {
        P2=Yang[i];     //第一遍为 Yang[0]=0xc0，显示 0；第二遍为 Yang[1]=0xf9，显示 1……
        delay();        //延时
    }
}

void main()             //主函数
{
    while(1)            //循环
    {
        P2_Out();       //调用子函数
    }
}
```

在上述参考程序中，把0~9这10个数字的显示编码全部放到一维数组Yang[]中，在显示时，直接使用P2=Yang[i]输出，当i=0时，P2=Yang[0]，即P2=0xc0，即可显示"0"。当i等于其他数字时，就可以显示其他数字了。

接下来，我们来讲解一下另一个常用的多位数码管，即四位一体数码管。

2．四位一体数码管

四位一体数码管如图9-5所示，它相当于把4个一位数码管集成在一起，它的内部结构与一位数码管有一些不同。下面以共阳极四位一体数码管为例进行说明。

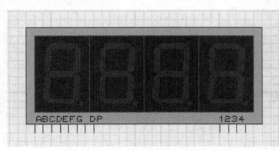

图9-5　四位一体数码管

（1）位选。

位选即位置选择。1、2、3、4用来决定选中4个一位数码管中的哪一个，引脚1表示第一个数码管的使能端（使数码管能工作），引脚2表示第二个数码管的使能端，以此类推。在共阳极四位一体数码管中，高电平有效。例如，引脚2是高电平，其余的引脚1、引脚3、引脚4是低电平。那么第二个数码管导通，送来的数据显示在第二个数码管上。

（2）段选。

段选即数码管显示数据输入端。一位数码管有8段（8个LED），同单个数码管原理相同。若要控制第二个数码管显示"0"，则要进行以下操作。

数码管显示"0"的电路图如图9-6所示。

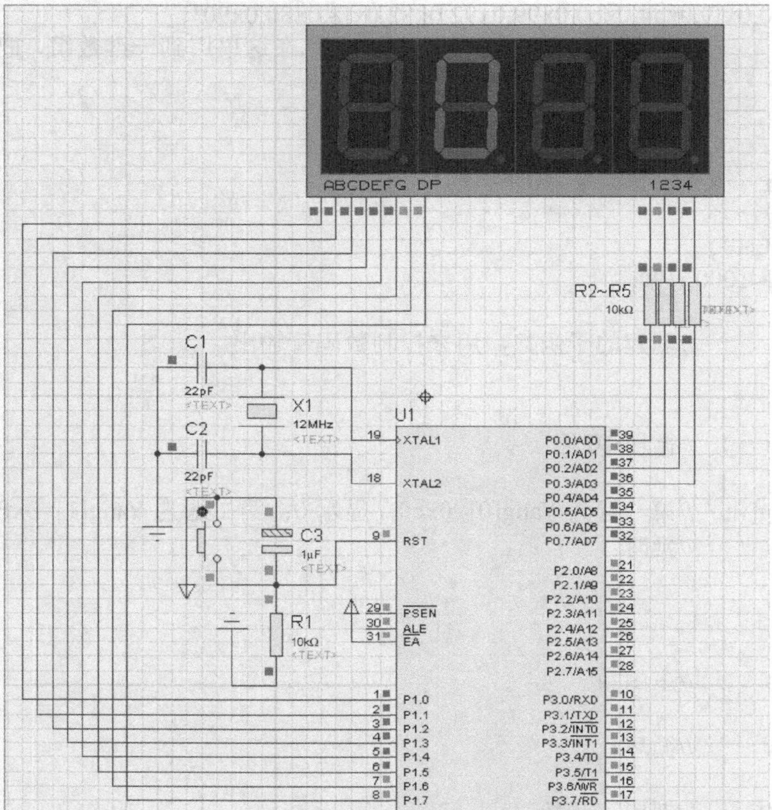

图9-6　数码管显示"0"的电路图

参考代码如下。

```
#include<reg51.h>
void Out()          //子函数
{
    P0=0X02;        //位置控制端 0000 0010，使引脚 P0.1 输出"1"
    P1=0XC0;        //共阳极数码管显示"0"
}
void main()
{
    Out();
}
```

在四位一体数码管的显示过程中，经常需要显示一个 4 位数，每个位显示的内容都不一样。如何实现这样的功能呢？

在这里我们使用扫描方式进行显示，主要做法如下。

首先，使第一个数码管有效，其他数码管无效，把要显示的数字编码送出，第一个数码管显示；其次，使第二个数码管有效，其他数码管无效，把要显示的数字编码送出，第二个数码管显示；再次，使第三个数码管有效，其他数码管无效，把要显示的数字编码送出，第三个数码管显示；最后，使第四个数码管有效，其他数码管无效，把要显示的数字编码送出，第四个数码管显示。按上述步骤不断循环。这个方法在后面的学习活动中会进行集中讲解。

 学习流程与活动

步　骤	学习内容与活动	建议学时
1	单个数码管的应用	2
2	共阳极四位一体数码管显示 1000 以内自加	2

学习活动一　单个数码管的应用

 学习目标

1. 能够掌握共阳极数码管和共阴极数码管的区别。
2. 能够点亮数码管，并正确显示数字。

 建议学时

2 学时

 学习准备

使用 Keil μVision4 开发软件和 Proteus7.8 仿真软件进行学习。

 学习过程

一、实例操作

让两个数码管显示 0～9 这 10 个数字。

P2 口连接共阳极数码管是灌（输入）电流，需要加限流电阻。而 P3 口连接共阴极数码管是拉（输出）电流，单片机的 P3 口内部已经有上拉电阻，因此不需要外接电阻。不过，单片机输出电流的能力很弱，由此在驱动共阴极数码管时，都不会直接使用端口驱动，而是外接缓冲电路，利用缓冲电路来增强单片机的驱动能力。在图 9-7 中，共阴极数码管没有使用缓冲电路，主要是为了方便讲解。

单片机控制数码管电路图如图 9-7 所示。

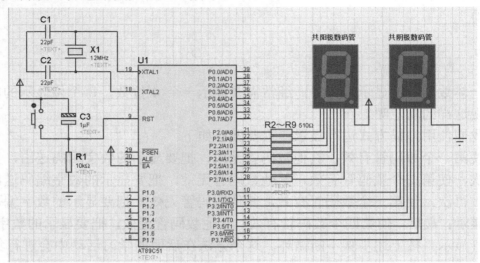

图 9-7　单片机控制数码管电路图

参考程序如下。

```c
#include<reg51.h>
//P2 口接共阳极数码管，P3 口接共阴极数码管
char Yin[]={0x3f,0x06,0x5b,0x4f,0x66,0x6d,0x7d,0x07,0x7f,0x6f};
                    //Yin[0]=0x3f，Yin[1]=0x06，Yin[2]=0x5b，…，内容为显示 0～9
void delay_ms(unsigned int ms)
{
    unsigned int i;
    unsigned char j;
    for(i=0;i<ms;i++)
    {
        for(j=0;j<200;j++);
        for(j=0;j<102;j++);
    }
}
void P2_Out()
{
    int i;
    for(i=0;i<10;i++)
    {
        P2=~(Yin[i]);           //阴极取反即为阳极
        delay_ms(100);
    }
}
```

```
void P3_Out()
{
    int i;
    for(i=0;i<10;i++)
    {
        P3=Yin[i];
        delay_ms(100);
    }
}
void main()
{
    while(1)
    {
        P2_Out();
        P3_Out();
    }
}
```

请同学们通过仿真验证，并在单片机实训设备上再次验证。

二、思考

在本例中，共阳极数码管与共阴极数码管在驱动方式上有什么不同？

 评价与分析

通过本次学习活动，掌握共阳极数码管和共阴极数码管的原理及使用方法，掌握数码管显示数字的编码方法，掌握 8 段数码管的原理及使用方法，能够掌握共阳极数码管和共阴极数码管的区别，能够点亮数码管并正确显示数字，开展自评和教师评价，填写表 9-3。

表 9-3　活动过程评价表

班　级		姓　名		学　号			日　期	
序　号	评价要点			配分/分	自　评	教师评价	总　评	
1	掌握共阳极数码管的显示原理			10				
2	掌握共阴极数码管的显示原理			10				
3	掌握共阳极数码管和共阴极数码管的显示代码			10				
4	能够正确绘制仿真电路图			10			A	
5	掌握共阳极数码管和共阴极数码管的区别			10			B	
6	完成思考题			10			C	
7	能够正确定义数组			10			D	
8	能够完成整个程序的编写			10				
9	能够完成程序的仿真			10				
10	能够与同组成员共同完成任务			10				
小结与建议			合计	100				

注：总评档次分配包括 0～59 分（D 档）；60～74 分（C 档）；75～84 分（B 档）；85～100 分（A 档）。
根据合计的得分，在相应的档次上打钩。

学习活动二   使用共阳极四位一体数码管显示 1000 以内自加

学习目标

1. 进一步掌握共阳极四位一体数码管的结构。
2. 学会共阳极四位一体数码管的扫描显示方法。

建议学时

2 学时

学习准备

使用 Keil μVision4 开发软件和 Proteus7.8 仿真软件进行学习。

学习过程

一、实例操作

使用共阳极四位一体数码管显示 1000 以内自加。驱动共阳极四位一体数码管的电路图如图 9-8 所示。

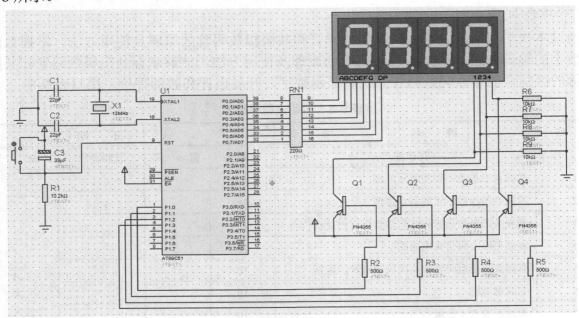

图 9-8   驱动共阳极四位一体数码管的电路图

参考程序如下。

```
#include <regx51.h>
#define uchar unsigned char
#define uint    unsigned int
uchar code led[]={0xc0,0xf9,0xa4,0xb0,0x99,0x92,0x82,0xf8,0x80,0x90};
uchar code ledw[]={0xf7,0xfb,0xfd,0xfe};
```

```
uchar utime[4];

void delay(uint x_ms)
{
    uint i,j;
    for(i=0;i<x_ms;i++)
        for(j=0;j<115;j++)
            ;
}

void main()
{
    int   ctime;                    //-32768~+32767
    uchar  b,c;
    for(ctime=0;ctime<=1000;ctime++)
    {
        utime[0]=ctime%10;          //个位
        utime[1]=ctime%100/10;      //十位
        utime[2]=ctime/100%10;      //百位
        utime[3]=ctime/1000;        //千位
        for(c=0;c<=10;c++)          //这层循环的目的是跟内层的 for 循环一起达到延时 1s 的效果
            for(b=0;b<=3;b++)
            {
                P0=led[utime[b]];
                P1=ledw[b];
                delay(10);
                P0=P1=0xff;         //必须加上消隐，否则不能正常显示
            }
    }
    while(1);
}
```

在本例中，有两个关键点。

一是多位数的分解方法，在本例中使用了以下方法进行分解。

```
utime[0]=ctime%10;                      //个位
utime[1]=ctime%100/10;                  //十位
utime[2]=ctime/100%10;                  //百位
utime[3]=ctime/1000;                    //千位
```

利用除法中的取余与取商两个运算符来实现。

二是扫描显示的方法，方法如下。

```
for(b=0;b<=3;b++)
{
    P0=led[utime[b]];
    P1=ledw[b];
    delay(10);
    P0=P1=0xff;                         //必须加上消隐，否则不能正常显示
}
```

在这段程序中，具体的步骤是：①送段码；②送位码；③切换到其他数码管；④循环。根据电路的结构，这里需要加上消隐，否则不能显示。

二、思考

还有其他编程思路吗？

评价与分析

通过本次学习活动，进一步掌握共阳极四位一体数码管的结构，学会共阳极四位一体数码管的扫描显示方法，开展自评和教师评价，填写表9-4。

表9-4 活动过程评价表

班　级		姓　名		学　号		日　期	
序　号	评价要点		配分/分	自　评	教师评价	总　评	
1	能够正确使用数组		10				
2	能够正确绘制仿真电路图		10				
3	理解消隐的作用		10				
4	理解共阳极四位一体数码管的结构及驱动方法		10			A B C D	
5	理解延时1s的方法		10				
6	能够正确设置变量		10				
7	学会多位数的分解方法		10				
8	学会共阳极四位一体数码管扫描显示的方法		10				
9	正确完成编程及仿真		10				
10	能够与同组成员共同完成任务		10				
小结与建议		合计	100				

注：总评档次分配包括0~59分（D档）；60~74分（C档）；75~84分（B档）；85~100分（A档）。根据合计的得分，在相应的档次上打钩。

任务十 LCD1602的应用

任务目标

1. 掌握单片机驱动 LCD1602 的方法。
2. 掌握 LCD1602 的原理。
3. 能够应用 LCD1602。

任务内容

一、LCD1602 介绍

LCD1602 也称 1602 字符型液晶屏，它是一种专门用来显示字母、数字、符号的点阵型液晶模块。它是由若干 5×7 或 5×10 的点阵字符位组成的，每个点阵字符位都可以显示一个字符，每个点阵字符位之间有一个点距的间隔，每行之间也有间隔，间隔起到了字符间距和行间距的作用，但正因为如此，所以它不能很好地显示图片。LCD1602 的正面与背面如图 10-1 和图 10-2 所示。

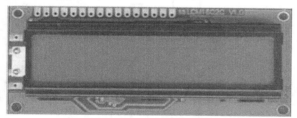

图 10-1 LCD1602 正面

图 10-2 LCD1602 背面

二、LCD1602 的引脚及参数

表 10-1 所示为 LCD1602 的引脚说明。

表 10-1 LCD1602 的引脚说明

编 号	符 号	引脚说明	编 号	符 号	引脚说明
1	VSS	电源地	9	D2	Data I/O
2	VDD	电源正极	10	D3	Data I/O
3	V0	液晶显示偏压信号	11	D4	Data I/O
4	RS	数据/命令选择引脚（H/L）	12	D5	Data I/O
5	R/W	读/写选择引脚（H/L）	13	D6	Data I/O
6	E	使能引脚	14	D7	Data I/O
7	D0	Data I/O	15	A	背光源正极
8	D1	Data I/O	16	K	背光源负极

引脚说明。

（1）VSS 接电源地。

（2）VDD 接+5V 电源。

（3）V0 是液晶显示的偏压信号，可接 10kΩ 的 3296 精密电位器或同样阻值的 RM065/RM063 蓝白可调电阻。偏压产生示意图如图 10-3 所示。

（4）RS 是数据/命令选择引脚，接单片机的一个 I/O 引脚，当 RS 为低电平时（RS=0），选择命令；当 RS 为高电平时（RS=1），选择数据。

（5）RW 是读/写选择引脚，接单片机的一个 I/O 引脚，当 RW 为低电平时（RW=0），向 LCD1602 写入命令或数据；当 RW 为高电平时（RW=1），从 LCD1602 读取状态或数据。如果不需要进行读取操作，那么可以直接将其接到 VSS。

（6）E 是执行命令的使能引脚，接单片机的一个 I/O 引脚，高电平有效，不过若要进行读/写，则需要引脚 E 产生一个下降沿。

（7）D0～D7 是并行数据输入/输出引脚，可接单片机的 P0～P3 的任意 8 个 I/O 端口。如果接 P0 口，那 P0 口需要接上拉电阻。

（8）A 是背光源正极，可接一个 10～47Ω 的限流电阻到 VDD。

（9）K 是背光源负极，接 VSS。

背光源连接电路图如图 10-4 所示。

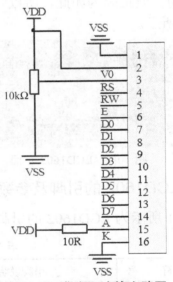

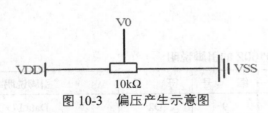

图 10-3　偏压产生示意图　　　　图 10-4　背光源连接电路图

LCD1602 的主要参数。

◆ 显示容量：16×2 个字符。
◆ 芯片工作电压：4.5～5.5V。
◆ 工作电流：2.0mA（5.0V）。
◆ 模块最佳工作电压：5.0V。
◆ 字符尺寸：2.95×4.35($W×H$)mm。

三、基本操作

LCD1602 的基本操作分为如下 4 种。

（1）读状态：输入为 RS=0，RW=1，E=下降沿；输出为 D0～D7 为状态字。

（2）读数据：输入为 RS=1，RW=1，E=下降沿；输出为 D0～D7 为数据。

（3）写命令：输入为 RS=0，RW=0，E=下降沿；输出为无。

（4）写数据：输入为 RS=1，RW=0，E=下降沿；输出为无。

（命令是对液晶屏显示的设置，数据是显示的内容。）

1．读操作时序

读操作时序图如图 10-5 所示。

2．写操作时序图

写操作时序图如图 10-6 所示。

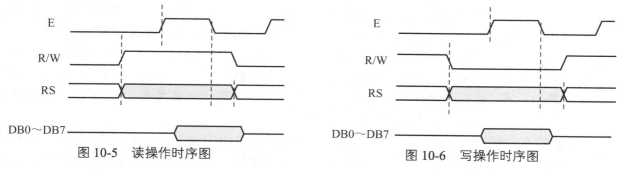

图 10-5　读操作时序图　　　　　图 10-6　写操作时序图

3．时序时间参数

时序时间参数如表 10-2 所示。

表 10-2　时序时间参数

时序参数	符　号	极限值			单　位	测试条件
		最　小　值	典　型　值	最　大　值		
E 信号周期	t_C	400	—	—	ns	
E 脉冲宽度	t_{PW}	150	—	—	ns	引脚 E
E 上升沿/下降沿时间	t_R, t_F	—	—	25	ns	
地址建立时间	t_{SP1}	30	—	—	ns	引脚 E、引脚 RS、引脚 RW
地址保持时间	t_{HD1}	10	—	—	ns	
数据建立时间（读操作）	t_D	—	—	100	ns	
数据保持时间（读操作）	t_{HD2}	20	—	—	ns	引脚 DB0～DB7
数据建立时间（写操作）	t_{SP2}	40	—	—	ns	
数据保持时间（写操作）	t_{HD3}	10	—	—	ns	

四、DDRAM、CGROM 和 CGRAM

DDRAM（Display Data RAM，显示数据 RAM）用来寄存待显示的字符代码，共 80 字节，DDRAM 的地址和屏幕的对应关系如图 10-7 所示。

DDRAM 相当于计算机的显存，为了在液晶屏幕上显示字符，就把字符代码送入显存，这样该字符就可以显示在屏幕上了。同样，LCD1602 共有 80 字节的显存，即 DDRAM。但 LCD1602 的显示屏幕只有 16×2 的大小，因此，并不是所有写入 DDRAM 的字符代码都能在屏幕上显示出来，只有写在如图 10-7 所示范围内的字符才可以显示出来，写在如图 10-7 所示范围外的字符不能显示出来。这样，我们在程序中可以利用"光标或显示移动指令"使字符慢慢移动到可见的显示范围内，观察字符的移动效果。

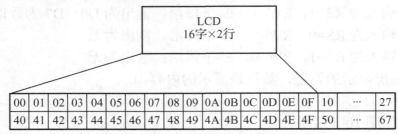

图 10-7　DDRAM 的地址和屏幕的对应关系

前面提到，为了在液晶屏幕上显示字符，就需要把字符代码送入 DDRAM。例如，如果想在屏幕左上角显示字符"A"，那么就把字符"A"的字符代码 41H 写入 DDRAM 的 00H 地址处即可。至于怎么写入，后面会有说明。为什么把字符代码写入 DDRAM，就可以在相应位置显示这个代码的字符呢？我们知道，LCD1602 是一种字符点阵显示器，为了显示一种字符的字形，必须有这个字符的字模数据，什么叫字符的字模数据呢？观察图 10-8 就明白了。

```
01110    ○■■■○
10001    ■○○○■
10001    ■○○○■
10001    ■○○○■
11111    ■■■■■
10001    ■○○○■
10001    ■○○○■
```
图 10-8　A 点阵

图 10-8 的左边就是字符"A"的字模数据，在右边的图中将左边的数据用"○"代表 0，用"■"代表 1，从而显示出"A"这个字形。这些字模数据全部存储在 LCD1602 的内部存储器 CGROM 中，每个字模数据都有一个固定的代码，CGROM 中字符码与字模关系的对照表如表 10-3 所示。

表 10-3　CGROM 中字符码与字模关系的对照表

	0000	0001	0010	0011	0100	0101	0110	0111	1000	1001	1010	1011	1100	1101	1110	1111
xxxx0000	CGRAM (1)			0	@	P	`	p				一	タ	ミ	α	p
xxxx0001	(2)		!	1	A	Q	a	q			。	ア	チ	ム	ä	q
xxxx0010	(3)		"	2	B	R	b	r			「	イ	ツ	メ	β	θ
xxxx0011	(4)		#	3	C	S	c	s			、	ウ	テ	モ	ε	∞
xxxx0100	(5)		$	4	D	T	d	t			、	エ	ト	ヤ	μ	Ω
xxxx0101	(6)		%	5	E	U	e	u			・	オ	ナ	ユ	σ	ü
xxxx0110	(7)		&	6	F	V	f	v			テ	カ	ニ	ヨ	ρ	Σ
xxxx0111	(8)		'	7	G	W	g	w			フ	キ	ヌ	ラ	g	π
xxxx1000	(1)		(	8	H	X	h	x			イ	ク	ネ	リ	√	X̄
xxxx1001	(2)		)	9	I	Y	i	y			ゥ	ケ	ノ	ル	-1	y
xxxx1010	(3)		*	:	J	Z	j	z			エ	コ	ハ	レ	j	千
xxxx1011	(4)		+	;	K	[	k	{			オ	サ	ヒ	ロ	x	万
xxxx1100	(5)		,	<	L	¥	l	|			ャ	ツ	フ	ワ	Φ	円
xxxx1101	(6)		-	=	M	]	m	}			ユ	ス	ヘ	ン	ξ	÷
xxxx1110	(7)		.	>	N	^	n	→			ヨ	セ	ホ	゛	ñ	
xxxx1111	(8)		/	?	O	_	o	←			ッ	ソ	マ	゜	ö	■

在表 10-3 中，字符"A"的高 4 位是 0100、低 4 位是 0001，合在一起就是 0b01000001，即 0x41。它恰好与该字符的 ASCII 码一致，这样就给了我们很大的方便，我们可以在计算机上使用 P2='A'这样的语法。编译后，正好是这个字符的字符代码。

在 LCD1602 模块上固化了字模存储器，就是 CGROM 和 CGRAM，HD44780 内置了 192 个常用字符的字模，存储于 CGROM（Character Generator ROM，字符产生器 ROM）中，另外还有 8 个允许用户自定义的字符产生 RAM，称为 CGRAM（Character Generator RAM，字符产生器 RAM）。表 10-3 说明了 CGROM 和 CGRAM 与字符的对应关系。由 ROM 和 RAM 的名字我们也可以知道，ROM 是早已固化在 LCD1602 模块中的，只能读取；而 RAM 是可读/写的。也就是说，如果只需要在屏幕上显示已存在于 CGROM 中的字符，那么只需要在 DDRAM 中写入它的字符代码就可以了；但如果要显示 CGROM 中没有的字符，比如摄氏温度的单位符号，则只有先在 CGRAM 中定义，然后才能在 DDRAM 中写入这个自定义字符的字符代码。和 CGROM 中固化的字符不同，因为 CGRAM 中本身没有字符，所以要在 DDRAM 中写入某个 CGROM 不存在的字符，就要在 CGRAM 中先定义后使用。程序退出后，CGRAM 中定义的字符也不复存在，下次使用时，必须重新定义。

五、LCD1602 指令

LCD1602 指令如表 10-4 所示。

表 10-4　LCD1602 指令表

序　号	指　令	RS	RW	D7	D6	D5	D4	D3	D2	D1	D0
1	清显示	0	0	0	0	0	0	0	0	0	1
2	光标归位	0	0	0	0	0	0	0	0	1	*
3	设置输入模式	0	0	0	0	0	0	0	1	I/D	S
4	显示开/关控制	0	0	0	0	0	0	1	D	C	B
5	光标或字符移动	0	0	0	0	0	1	S/C	R/L	*	*
6	设置功能	0	0	0	0	1	DL	N	F	*	*
7	设置字符发生存储器地址	0	0	0	1	字符发生存储器地址					
8	设置 RAM 地址	0	0	1	显示 RAM 地址						
9	读忙标志或地址	0	1	BF	计数器地址						
10	写数据到 CGRAM 或 DDRAM	1	0	要写的数据内容							
11	从 CGRAM 或 DDRAM 读数据	1	1	读出的数据内容							

表 10-4 中的*代表任意，一般当 0 看待。其中其他的各种字母都有含义，但只能等于 0 或 1。

液晶屏常用指令如下。

1．清屏（0x01）

2．基本设置（0x38）

*：任意，也就是说这个位是 0 或 1 都可以，一般取 0。

DL：设置数据接口位数。DL=1 时，LCD1602 是 8 位数据接口（D7～D0）；DL=0 时，LCD1602 是 4 位数据接口（D7～D4）。

N：N=0 时，LCD1602 显示一行；N=1 时，LCD1602 显示两行。

F：F=0 时，LCD1602 显示 5×8 点阵字符；F=1 时，LCD1602 显示 5×10 点阵字符。

说明：因为模式是写指令字，所以 RS 和 RW 都是 0。LCD1602 只能用并行方式驱动，不能用串行方式驱动。而并行方式又可以选择 8 位数据接口或 4 位数据接口。这里我们选择 8 位数据接口（D7~D0）。我们的设置是 8 位数据接口，两行显示，5×8 点阵，即 DB7~DB0=0b0011 1000，也就是 0x38。（注意：NF 是 10 或 11 的效果是一样的，都是两行 5×8 点阵。因为它不能以两行 5×10 点阵方式进行显示，换句话说，这里用 0x38 或 0x3c 是一样的）。

3．显示开关（0x0c）

D：D=1 时，显示开；D=0 时，显示关。

C：C=1 时，光标显示；C=0 时，光标不显示。

B：B=1 时，光标闪烁；B=0 时，光标不闪烁。

说明：常设置为显示开，不显示光标，光标不闪烁，设置字为 0x0c。

4．输入模式（0x06）

I/D：I/D=1 时，写入新数据后光标右移；I/D=0 时，写入新数据后光标左移。

S：S=1 时，写入新数据后显示内容整体右移一个字符；S=0 时，显示内容不移动。

说明：常设置为 0x06。

5．光标或显示移动指令

光标或显示移动指令如表 10-5 所示。

表 10-5　光标或显示移动指令表

S/C	R/L	说　　　明
0	0	将光标移到左边
0	1	将光标移到右边
1	0	将显示内容移到左边，光标跟随显示内容移位
1	1	将显示内容移到右边，光标跟随显示内容移位

说明：在需要进行整屏移动时，这个指令非常有用，可以实现屏幕的滚动显示效果。初始化时不使用这个指令。

6．光标归位指令（0x02）

D0 位可以是任意的，一般为 0，由此得到光标归位指令是 0x02。

六、数据地址指针设置

控制器内部设有一个数据地址指针，用户可以通过它们访问内部的全部 80B 的 RAM，数据地址指针功能表如表 10-6 所示。

表 10-6　数据地址指针功能表

指　令　码	功　　能
0x80+地址（0x0~0x27，0x40~0x67）	设置数据地址指针

0x80 即第一行的首个位置，将内容从第一行即 0x80 开始显示，显示在第二行，即 0x80+0x40=0xC0。数据地址指针要配合图 10-7 使用。

例如：将内容从第一行的第 8 列开始显示，使用写命令模式输出 0x87(0x80+07)即可。

七、LCD1602 的使用步骤

1. 必须进行初始化

一般情况下，在使用 LCD1602 时，要进行初始化，一般使用以下指令进行初始化。

```
void init1602()           //LCD1602 的初始化
{
    delay(5);
    writeCMD(0x38);       //8 位，两行，5×8 点阵
    delay(1);
    writeCMD(0x0C);       //显示开，光标关
    delay(1);
    writeCMD(0x06);       //默认光标右移
    delay(1);
    writeCMD(0x01);       //清屏
    delay(1);
}
```

writeCMD()函数后面会讲到。

设置工作模式→打开显示→设置光标右移→清屏。经过这一连串的指令输入后，LCD1602 就可以正常使用了。

2. 设置显示位置的地址

使用 writeCMD()写命令子函数写入显示地址，若在第 1 行第 4 列开始显示字符，则显示地址为：0x80+0x03，即 0x83。比如：writeCMD(0x83);。

3. 显示字符

设置好显示的地址以后，使用写数据子函数把要显示的字符写入 LCD1602 中即可。例如：writeDAT('a');写入字符后，光标会自动后移一位，如果继续写入，那么直接写入要显示的字符即可，不用再写入显示的地址，因为地址值会自动加 1。若要写入一个字符串，则必须把字符串拆成一个一个的字符，逐个输入显示。

 学习流程与活动

步　　骤	学习内容与活动	建议学时
1	LCD1602 显示字符	2
2	LCD1602 移动屏幕	2

学习活动一　LCD1602 显示字符

 学习目标

1. 能够掌握 LCD1602 的结构。
2. 能够应用 LCD1602 进行字符显示。

 建议学时

2 学时

学习准备

使用 Keil μVision4 开发软件和 Proteus7.8 仿真软件进行学习。

学习过程

本任务实现功能：第一行显示"hello"，第二行显示"Nice to meet you"。

一、驱动 LCD1602 的电路图（见图 10-9）

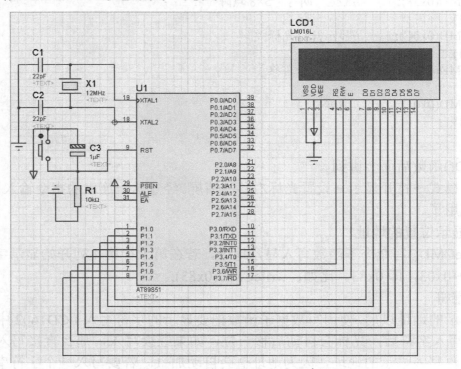

图 10-9 驱动 LCD1602 的电路图

在本电路中，使用 P1 口作为数据接口，控制总线则使用单片机的引脚 P3.5、引脚 P3.6、引脚 P3.7 与液晶屏的 RS、RW、E 端相连。电路十分简单。

二、程序部分

在本例中要使用到宏定义，下面我们来了解一下宏的含义。

C 语言中允许用一个标识符来表示一个字符串，这个功能称为宏。标识符称为宏名，进行过宏定义后，宏定义语句以下的程序都可以用该标识符来代替被定义的字符串。宏定义语句以"define"关键字来定义，宏定义分为带参数的宏定义和不带参数的宏定义。

1．不带参数的宏定义的格式

#define　标识符　字符串

例如：在程序中定义了宏语句"#define　PI　3.1415926"，那么在这一行后面的程序中，可以用 PI 来代替 3.1415926 这个数值。

对于宏定义，要注意如下 3 点。

（1）因为宏定义不是 C 语言中的语句，所以不能在行末加分号。

（2）宏名的有效范围为该宏名定义之后到程序结束。

（3）通常#define 命令写在整个程序文件的开头，在函数声明部分之前，这样可以使该宏定义在整个程序文件内有效。

2. 带参数的宏定义的格式

#define　宏名(参数)　　字符串

在这里，不再只是简单地进行字符串替换，而是包括了参数的替换。例如：

#define　HDNG2(x,y)　　　　(x)+(y)

本例参考程序如下。

```c
#include<reg51.h>
#define uchar unsigned char          //宏定义，将 unsigned char 定义为 uchar
#define uint unsigned int            //宏定义，将 unsigned int 定义为 uint
#define lcd1602data P1               //宏定义，将 P1 定义为 lcd1602data
sbit RS=P3^5;                        //1=数据，0=命令
sbit RW=P3^6;                        //1=读，0=写
sbit E=P3^7;                         //1=使能，0=禁止
sbit bf=lcd1602data^7;               //忙信号线，因为 P1 被宏定义为 lcd1602data，所以实际 bf=P1^7
unsigned char code h1[]={"hello"};   //声明一个数组，用于显示第一行的内容
unsigned char code h2[]={"Nice to meet you"};    //声明一个数组，用于显示第二行的内容

void delay(unsigned int i)
{while(i--);}                        //延时函数

bit busy1602()                       //忙检测，也可以用延时代替，但是延时时间需要自行测试
{
    bit busy=0;                      //暂存标志
    lcd1602data=0xff;                //端口置 1，防止有干扰
    RS=0;RW=1;                       //置"命令，读"模式
    E=1;E=1;                         //使能
    busy=bf;E=0;                     //将当前的忙信号暂存在 busy，改变使能
    return busy;                     //返回忙信号，1=忙
}
void writeCMD(unsigned char CMD)     //写命令
{
    while(busy1602());               /*如果 busy1602()返回 1，那么执行死循环，直到 busy1602()返回
                                       0 时，结束循环*/
    RS=0;RW=0;                       //置"命令，写"模式
    lcd1602data=CMD;                 //送出命令
    E=1;E=0;                         //使之有效
}
void writeDAT(unsigned char DAT)     //写数据
{
    while(busy1602());               //同上
    RS=1;RW=0;                       //置"数据，写"模式
    lcd1602data=DAT;                 //送出数据
    E=1;E=0;                         //同上
}
```

```
void init1602()                              //LCD1602 的初始化
{
    delay(5);
    writeCMD(0x38);                          //8 位，两行，5×8 点阵
    delay(1);
    writeCMD(0x0C);                          //显示开，光标关
    delay(1);
    writeCMD(0x06);                          //默认光标右移
    delay(1);
    writeCMD(0x01);                          //清屏
    delay(1);
}
void main()
{
    uchar i;
    init1602();                              //LCD1602 初始化
    delay(3000);                             //因为 LCD1602 初始化需要时间，所以延时
    writeCMD(0x80);                          //将内容从第一行的第一列开始显示
    writeDAT('A');                           //数据为 A
    writeDAT('B');                           //数据为 B。因为初始化中设置了默认光标右移，所以会显示 AB
    while(1)
    {
        writeCMD(0x87);                      //将内容从第一行的第八列开始显示
        i=0;                                 //为下面的循环做准备
        while(h1[i]!='\0')                   //因数组的存储规则，所以数组的最后一个数据都是'\0'
                                             //只要没有检测到最后一个数据'\0'，就说明还有数据
        {
            writeDAT(h1[i]);
                                             /*将 h1 数组中的数据一个一个地写出来，如 i=1 时，
                                               h1[i]=h1[1]=e;writeDAT('e');*/
            i++;                             //配合 while 进行循环
            delay(20);                       //防止单片机数据传输太快，LCD1602 反应不过来，需要加延时
        }
        writeCMD(0xc0);                      //将内容从第二行的第一列开始显示  0x80+40
        i=0;                                 //为下面的循环做准备
        while(h2[i]!='\0')                   //同上，不过这个是检测 h2[]中的数据
        {
            writeDAT(h2[i]);
            i++;
            delay(20);
        }
    }
}
```

请同学们调试程序，并完成仿真。

三、小结

在本例中，最为关键的是几个子函数，writeCMD()这个子函数用于把命令写入 LCD1602 中，以控制液晶屏的显示方式等。writeDAT()这个子函数用于把要显示的内容写入 LCD1602

中，以显示字符。还有一个特别关键的子函数 busy1602()，它用于检测 LCD1602 是否忙，如果 LCD1602 忙，那么给它写命令或数据都不会成功，只有闲的时候才能往 LCD1602 中写命令或数据。另外，LCD1602 的初始化函数也特别关键，如果没有它，那么 LCD1602 是无法显示的，它的作用就是把 LCD1602 的工作状态全部设置好，这样 LCD1602 就可以正常使用了。

 评价与分析

通过本次学习活动，能够掌握单片机驱动 LCD1602 的方法，能够掌握 LCD1602 的原理，能够应用 LCD1602，能够掌握 LCD1602 的结构，能够应用 LCD1602 进行字符显示，开展自评和教师评价，填写表 10-7。

表 10-7 活动过程评价表

班 级		姓 名		学 号			日 期	
序 号	评价要点			配分/分	自 评	教师评价	总 评	
1	掌握宏定义的方法及作用			10				
2	能够正确绘制仿真电路图			10				
3	理解 LCD1602 忙检测的作用			10				
4	能够掌握 LCD1602 的显示地址设置方法			10			A	
5	能够正确编写 LCD1602 的子函数			10			B	
6	能够正确写出 LCD1602 的各种指令			10			C	
7	能够完成整个程序的编写			10			D	
8	能够掌握 LCD1602 显示字符的方法			10				
9	能够完成程序的仿真操作			10				
10	能够与同组成员共同完成任务			10				
小结与建议			合计	100				

注：总评档次分配包括 0～59 分（D 档）；60～74 分（C 档）；75～84 分（B 档）；85～100 分（A 档）。
根据合计的得分，在相应的档次上打钩。

学习活动二 LCD1602 移动屏幕

 学习目标

1. 能够掌握 LCD1602 的电路连接结构。
2. 能够应用 LCD1602 进行简单的屏幕显示。

 建议学时

2 学时

 学习准备

使用 Keil μVision4 开发软件和 Proteus7.8 仿真软件进行学习。

学习过程

一、实例操作

本实例实现：在第二行显示"Hello world!"，显示方式是从屏幕右侧移入、从屏幕左侧移出，周而复始。电路部分如图 10-9 所示。

参考程序如下。

```
#include<reg51.h>
#define uchar unsigned char          //宏定义，将 unsigned char 定义为 uchar
#define uint unsigned int            //宏定义，将 unsigned int 定义为 uint
#define lcd1602data P1               //宏定义，将 P1 定义为 lcd1602data
sbit RS=P3^5;                        //1=数据，0=命令
sbit RW=P3^6;                        //1=读，0=写
sbit E=P3^7;                         //1=使能，0=禁止
sbit bf=lcd1602data^7;               //忙信号线，因为 P1 被宏定义为 lcd1602data，所以实际 bf=P1^7
unsigned char code h1[]={"Hello world!"};        //声明一个数组，用于显示第一行的内容

void delay(unsigned int i){while(i--);} //延时函数

bit busy1602()                       //忙检测，也可以用延时代替，但是延时时间需要自行测试
{
    bit busy=0;                      //暂存标志
    lcd1602data=0xff;                //端口置 1，防止有干扰
    RS=0;RW=1;                       //置"命令，读"模式
    E=1;E=1;                         //使能
    busy=bf;E=0;                     //将当前的忙信号暂存在 busy，改变使能
    return busy;                     //返回忙信号，1=忙
}
void writeCMD(unsigned char CMD)     //写命令
{
    while(busy1602());               /*如果 busy1602()返回 1，那么执行死循环，直到 busy1602()返回 0
                                       时，结束循环
    RS=0;RW=0;                       //置"命令，写"模式
    lcd1602data=CMD;                 //送出命令
    E=1;E=0;                         //使之有效
}
void writeDAT(unsigned char DAT)     //写数据
{
    while(busy1602());               //同上
    RS=1;RW=0;                       //置"数据，写"模式
    lcd1602data=DAT;                 //送出数据
    E=1;E=0;                         //同上
}
void init1602()                      //LCD1602 的初始化
{
    delay(5);
    writeCMD(0x38);                  //8 位，两行，5×8 点阵
```

```
        delay(1);
        writeCMD(0x0C);              //显示开，光标关
        delay(1);
        writeCMD(0x06);              //默认光标右移
        delay(1);
        writeCMD(0x01);              //清屏
        delay(1);
    }
    void main()
    {
        uchar i;
        init1602();                  //LCD1602 初始化
        delay(3000);                 //因为 LCD1602 初始化需要时间，所以延时
        while(1)
        {
                writeCMD(0xc0+16);   //从第二行的最后一个位置开始
                i=0;                 //为下面的循环做准备
                while(h1[i]!='\0')
                {
                    writeDAT(h1[i]);
                    i++;
                    delay(20);
                }
                writeCMD(0x1c);      //光标或显示移动指令向左移
                delay(10000);
        }
    }
```

二、小结

在本例中，最关键的语句是 writeCMD(0x1c)，它设置了显示移动向左的命令。请同学们上机认真编写程序并仿真实现所有功能。

 评价与分析

通过本次学习活动，能够掌握 LCD1602 的电路连接结构，能够应用 LCD1602 进行简单的屏幕显示，开展自评和教师评价，填写表 10-8。

表 10-8　活动过程评价表

班　　级		姓　　名		学　　号			日　　期	
序　号	评价要点			配分/分	自　　评	教师评价	总　　评	
1	进一步掌握 LCD1602 的初始化指令			10				
2	进一步理解 LCD1602 的地址空间			10			A	
3	懂得 LCD1602 其他指令的设置			10			B	
4	能够绘制仿真电路图			10			C	
5	能够正确编写 LCD1602 的子函数			10			D	
6	能够正确写出 LCD1602 的各种指令			10				

续表

序 号	评价要点		配分/分	自 评	教师评价	总 评
7	能够完成整个程序的编写		10			
8	能够掌握 LCD1602 显示字符的方法		10			A
9	能够完成程序的仿真操作		10			B
10	能够与同组成员共同完成任务		10			C
小结与建议		合计	100			D

注：总评档次分配包括 0~59 分（D 档）；60~74 分（C 档）；75~84 分（B 档）；85~100 分（A 档）。
根据合计的得分，在相应的档次上打钩。

任务十一 LCD12864的应用

1. 掌握 LCD12864 的原理。
2. 掌握单片机驱动 LCD12864 的方法。
3. 能够应用 LCD12864。

任务内容

一、LCD12864 简介

LCD12864 是一种图形点阵液晶显示器，它主要由行驱动器、列驱动器及 128×64 全点阵液晶显示器组成。LCD12864 可以完成图形显示，也可以显示 8×4 个（16×16 点阵）汉字。LCD12864 的正面和背面如图 11-1 和图 11-2 所示。

图 11-1 LCD12864 的正面   图 11-2 LCD12864 的背面

LCD12864 一般有两种，一种是自带字库的，另一种是没有字库的。如果是自带字库的，那么在显示汉字时，不需要通过取模工具把汉字的显示编码取出来。如果是没有字库的，那么在显示汉字时，必须通过取模工具先把汉字的显示编码取好，然后通过数组的方式写入。

表 11-1 所示为 LCD12864 的引脚功能描述。其中，H/L 中的 H 代表高电平，L 代表低电平。

表 11-1 LCD12864 的引脚功能描述

引 脚	引脚名称	电 平	引脚功能描述
1	VSS	0	电源地
2	VDD	+5.0V	电源电压
3	V0	—	液晶显示器驱动电压
4	D/I（RS）	H/L	D/I="H"，表示 DB7～DB0 为显示数据 D/I="L"，表示 DB7～DB0 为显示指令数据
5	R/W	H/L	R/W="H"，E="H" 数据被读到 DB7～DB0 R/W="L"，E="H→L" 数据被写到 IR 或 DR
6	E	H/L	R/W="L"，E 信号下降沿锁存 DB7～DB0 R/W="H"，E="H" DDRAM 数据读到 DB7～DB0

引　脚	引脚名称	电　平	引脚功能描述
7	DB0	H/L	数据线
8	DB1	H/L	数据线
9	DB2	H/L	数据线
10	DB3	H/L	数据线
11	DB4	H/L	数据线
12	DB5	H/L	数据线
13	DB6	H/L	数据线
14	DB7	H/L	数据线
15	CS1	H/L	H：选择芯片（右半屏）信号；L：不选择
16	CS2	H/L	H：选择芯片（左半屏）信号；L：不选择
17	RET	H/L	复位信号，低电平复位
18	VOUT	−10V	LCD 驱动负电压
19	LED+	—	LED 背光板电源
20	LED−	—	LED 背光板电源

以上的引脚功能也是进行硬件连接的指导。其中，控制总线有 RS、RW、E 三条，分别对应引脚 4、引脚 5、引脚 6。数据接口为 DB0～DB7，一般与单片机的一个 P 口连接。另外还有两个片选引脚，即 CS1、CS2，这两个引脚用于选择 LCD12864 屏幕的左半屏与右半屏。其他的引脚则是固定的连接，无须关注太多。

现在以没有字库的 LCD12864 为例进行讲解。

在使用 LCD12864 前，必须了解以下功能元件才能进行编程。LCD12864 内部的功能元件及相关功能如下。

1．指令寄存器（IR）

IR 用于寄存指令码，与数据寄存器的寄存数据相对应。当 D/I（RS）=0 时，在 E 信号下降沿的作用下，指令码写入 IR。

2．数据寄存器（DR）

DR 用于寄存数据，与指令寄存器寄存指令相对应。当 D/I（RS）=1 时，在 E 信号下降沿的作用下，图形显示数据写入 DR，或在 E 信号高电平的作用下，由 DR 将图形显示数据读到 DB7～DB0 数据总线。DR 和 DDRAM 之间的数据传输是模块内部自动执行的。

3．忙标志（BF）

BF 提供内部工作情况。BF=1 表示模块在内部操作，此时模块不接收外部指令和数据。BF=0 时，模块为就绪状态，随时可以接收外部指令和数据。

一般情况下，在往 LCD12864 内部写入数据或指令时，都要进行忙标志检测，若 LCD12864 处于忙状态，则等待到空闲，再写入数据或指令。也可以通过延时的方式来处理，即延时一个短时间，这个短时间正好跳过忙的时间。

4．显示控制触发器（DFF）

此触发器用于对模块屏幕显示开和关的控制。DFF=1 为开显示，DDRAM 的内容就显示在屏幕上；DFF=0 为关显示，DDRAM 的内容就从屏幕上消失。

5. XY 地址计数器

XY 地址计数器是一个 9 位计数器。高 3 位是 X 地址计数器，低 6 位是 Y 地址计数器，XY 地址计数器实际上作为指向 DDRAM 的地址的指针，X 地址计数器为 DDRAM 的页（行）指针，有 0~7 页，总共 8 页。Y 地址计数器为 DDRAM 的列指针，有 0~63 列，总共 64 列。

X 地址计数器是没有计数功能的，只能通过指令设置。

Y 地址计数器具有循环计数功能，各显示数据写入后，Y 地址自动加 1，Y 地址指针范围为 0~63。

6. DDRAM

DDRAM 用于存储图形显示数据。数据为 1 表示显示像素点，数据为 0 表示不显示像素点。DDRAM 与地址和显示位置的关系如图 11-3 所示。

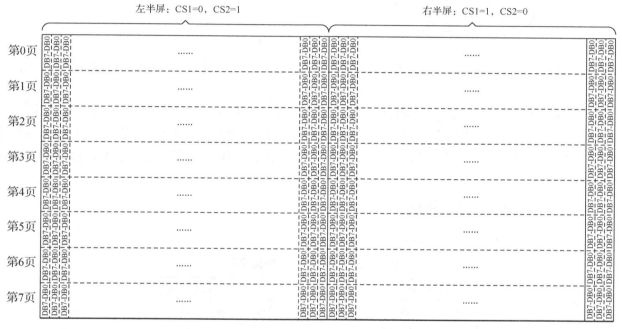

汉字或图片取模方式：纵向取模，字节倒序

图 11-3 DDRAM 与地址和显示位置的关系

7. Z 地址计数器

Z 地址计数器是一个 6 位计数器，此计数器具备循环计数功能，它用于显示行扫描同步。当一行扫描完成后，此地址计数器自动加 1 并指向下一行扫描数据，RST 复位后 Z 地址计数器为 0。

Z 地址计数器用于设置"显示的起始行"。因此，显示屏幕的起始行就由此 Z 地址控制，即 DDRAM 的数据在屏幕上从哪一行开始显示第一行。此模块的 DDRAM 共 64 行，屏幕可以循环滚动显示 64 行。

二、LCD12864 的 DDRAM 地址映像图

从图 11-3 中可以很清楚地看到 LCD12864 显示的地址映像。

若要显示一个 16×16 点阵的汉字，则需要两页（16 行）与 16 列才能显示。"你"字取模如图 11-4 所示。

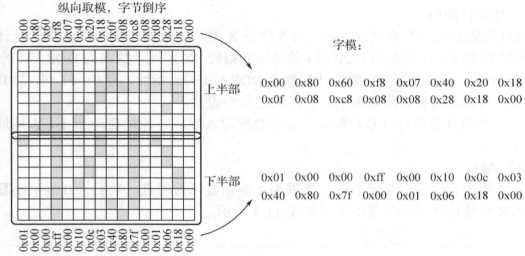

纵向取模，字节倒序

字模：

0x00 0x80 0x60 0xf8 0x07 0x40 0x20 0x18
0x0f 0x08 0xc8 0x08 0x08 0x28 0x18 0x00

上半部

下半部

0x01 0x00 0x00 0xff 0x00 0x10 0x0c 0x03
0x40 0x80 0x7f 0x00 0x01 0x06 0x18 0x00

图11-4 "你"字取模

在显示汉字时，先在第一页从左到右显示上半部，然后跳到第二页同样的列开始显示下半部。

根据芯片的不同，取模方式有所不同，取模方式有多种：①单色点阵液晶字模，横向取模，字节正序；②单色点阵液晶字模，横向取模，字节倒序；③单色点阵液晶字模，纵向取模，字节正序；④单色点阵液晶字模，纵向取模，字节倒序，等等。我们所学的 LCD12864 的取模方式属于最后一种。

三、LCD12864 的指令系统

LCD12864 的指令表如表 11-2 所示。

表 11-2 LCD12864 的指令表

指令名称	控制信号		控制代码							
	RS	R/W	D7	D6	D5	D4	D3	D2	D1	D0
显示开关设置	0	0	0	0	1	1	1	1	1	D
显示起始行设置	0	0	1	1	L5	L4	L3	L2	L1	L0
页面地址设置	0	0	1	0	1	1	1	P2	P1	P0
列地址设置	0	0	0	1	C5	C4	C3	C2	C1	C0
读状态字	0	1	BUSY	0	ON/OFF	RESET	0	0	0	0
写显示数据	1	0	数据							
读显示数据	1	1	数据							

下面详细解释各个指令。

指令说明如下。

1. 显示开关设置

格式：

0	0	1	1	1	1	1	D

D 位为显示开关的控制位。D=1 为开显示设置，状态字中 ON/OFF=0；D=0 为关显示设置，状态字中 ON/OFF=1。

2．显示起始行设置

格式：

1	1	L5	L4	L3	L2	L1	L0

显示起始行设置指令设置了显示起始行寄存器的内容。LCD12864 通过 $\overline{CS}$ 的选择分别具有 64 行显示的管理能力，该指令中的 L5～L0 为显示起始行的地址，取值在 0x00～0x3f（1～64 行）范围内，它规定了显示屏上顶部的一行所对应的显示存储器的行地址，如果在一定时间间隔内修改显示起始行寄存器的内容，那么显示屏将呈现显示内容向上或向下平滑滚动的显示效果。

3．页面地址设置

格式：

1	0	1	1	1	P2	P1	P0

页面地址设置指令设置了页面地址（X 地址）寄存器的内容，LCD12864 显示存储器分成 8 页。指令代码中的 P2～P0 确定当前所要选择的页面地址，取值范围为 0～7，分别代表第 1～8 页，该指令规定了后续的读/写操作在哪一个页面上进行。

4．列地址设置

格式：

0	1	C5	C4	C3	C2	C1	C0

列地址设置指令设置了 Y 地址计数器的内容，LCD12864 通过 $\overline{CS}$ 选择分别具有 64 列显示的管理能力，C5～C0=0x00～0x3f（1～64 行）代表某一个页面上的某一个单元地址，随后的一次读/写操作就在这个地址上进行。Y 地址计数器具有自动加 1 功能，每进行一次读/写，它会自动加 1。因此，在连续读/写时，不必每次都设置 Y 地址计数器。

5．读状态字

格式：

BUSY	0	ON/OFF	RESET	0	0	0	0

BUSY=1，表示 LCD12864 忙，不能接收指令或数据；BUSY=0，表示 LCD12864 不忙，可写入指令或数据。

ON/OFF=1，表示关显示状态；ON/OFF=0，表示开显示状态。

RESET=1，表示 LCD12864 处于复位状态；RESET=0，表示 LCD12864 正常工作。

6．写显示数据

格式：

	数					据	

写显示数据操作将 8 位数据写入已经确定的显示存储器的地址单元内，操作完成后，Y 地址计数器自动加 1，指向下一个地址单元。

7．读显示数据

格式：

	数					据	

读显示数据操作从 LCD12864 的输出寄存器读出内容，Y 地址计数器自动加 1，指向下一个地址单元。

根据上面的指令表，我们可以知道，LCD12864 的左上角显示单元的地址为：页面地址为0xb8，列地址为0x40。这是显示的原点坐标地址。要想在其他地方显示汉字或图片，就要在原点坐标地址的基础上加上页面数与列数。不过要特别注意一点，LCD12864 分为左半屏与右半屏，在显示时，不要人为造成跨半屏显示。

在正常使用 LCD12864 时，要进行初始化，一般只需要三步：第一步是设置显示开，指令为0x3f；第二步是设置 Z 地址计数器为首页面首列，指令为0xc0；第三步是清除屏幕，一般用指令0x01，或者选中左、右半屏，全部写入 0，也可以实现清屏。

四、读/写时序。

1．读时序图
读时序图如图 11-5 所示。

2．写时序图
写时序图如图 11-6 所示。

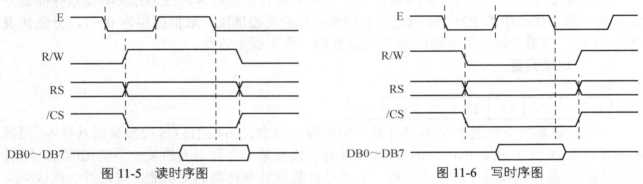

图 11-5　读时序图　　　　　　　　　图 11-6　写时序图

根据以上两个时序图，可以很容易地把读/写指令与数据的子函数写出来。具体请看后面的参考例程。

五、汉字的取模

在编写软件代码之前必须要先掌握汉字取模的方法。想要在 LCD12864 上显示文字，我们可以借助取模软件来完成。目前点阵 LCD 的取模软件有很多，我们以取模软件"zimo221"为例来介绍一下汉字的取模方法。

打开取模软件，出现如图 11-7 所示的界面。

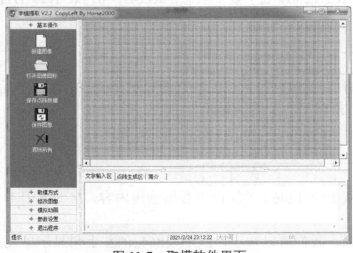

图 11-7　取模软件界面

在文字输入区输入文字，我们以输入一个欢迎的"欢"字为例，了解其取模过程。在文字输入区输入"欢"字后，按 Ctrl+Enter 组合键后就看到"欢"字已经在模拟显示区显示出来了，如图 11-8 所示。

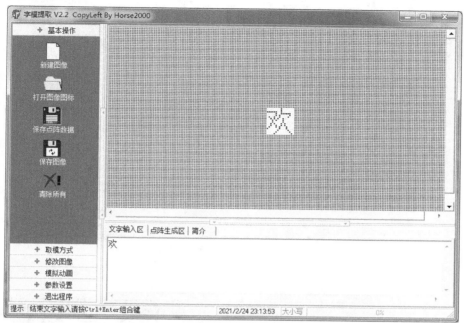

图 11-8　"欢"字取模

设置取模方式，如图 11-9 所示，我们设置成：纵向取模、字节倒序。

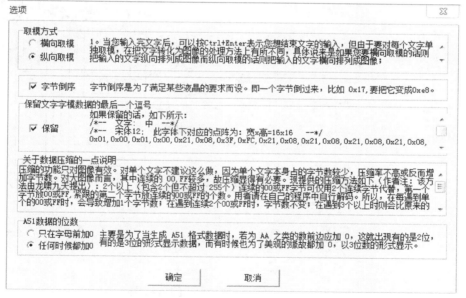

图 11-9　取模设置

在"取模方式"中选择"C51 格式"，就可以在"点阵生成区"得到汉字"欢"的显示代码，如图 11-10 所示。

经过以上步骤后，一个汉字就取模成功了，在程序中只要调用这段代码就可以显示出汉字"欢"，其他汉字的取模也用同样的方法。将要显示的全部汉字代码取模完成后就可以编程了。

驱动 LCD12864 的接线图如图 11-11 所示。

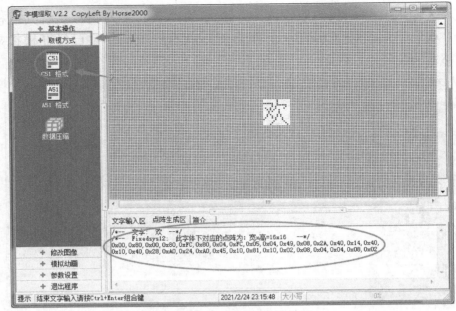

图 11-10 "欢"字取模结果

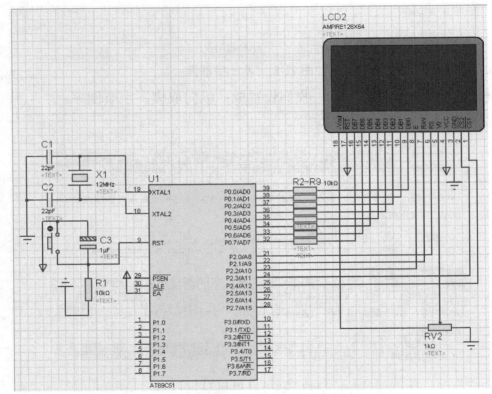

图 11-11 驱动 LCD12864 的接线图

 学习流程与活动

步　骤	学习内容与活动	建议学时
1	LCD12864 的应用	2
2	LCD12864 的滚动显示	2
3	LCD12864 显示图片	2

学习活动一　LCD12864 显示文字

 学习目标

1. 掌握 LCD12864 的编程原理。
2. 能够正确编程，使 LCD12864 显示文字。

 建议学时

2 学时

 学习准备

使用 Keil μVision4 开发软件和 Proteus7.8 仿真软件进行学习。

 学习过程

下面以一个例子来说明 LCD12864 的应用。

【例】设计一个程序，使 LCD12864 显示汉字，并且能够动态显示计数 0～14，当计数满时，归零重新计数。

一、电路图

驱动 LCD12864 的电路图如图 11-12 所示。

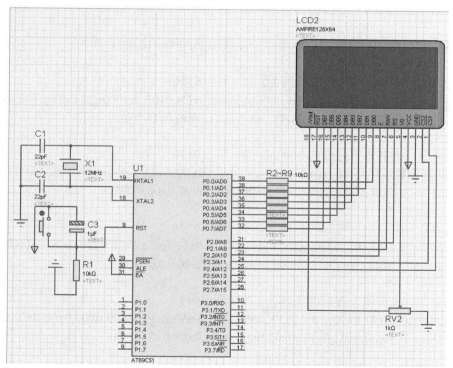

图 11-12　驱动 LCD12864 的电路图

效果图如图 11-13 与图 11-14 所示。

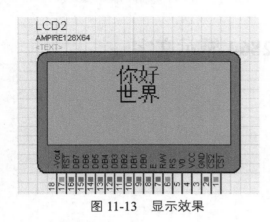

图 11-13 显示效果

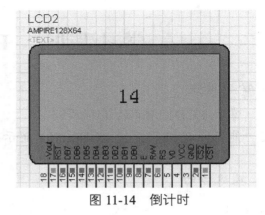

图 11-14 倒计时

二、参考程序

参考程序如下。

```c
#include<reg52.h>
#define uchar unsigned char        //宏定义，将 unsigned char 定义为 uchar
#define uint unsigned int          //宏定义，将 unsigned int 定义为 uint
#define lcd_data P0                //宏定义，将 P0 定义为 lcd_data
sbit RS=P2^0;                      //1=数据，0=命令
sbit RW=P2^1;                      //1=读，0=写
sbit E=P2^2;                       //1=使能，0=禁止
sbit CS2=P2^3;                     //右半屏信号：0=选中右半屏，1=关闭右半屏
sbit CS1=P2^4;                     //左半屏信号：0=选中左半屏，1=关闭左半屏

void delay(uint i){while(i--);}    //延时函数

uchar code zm16x16[][32]={         //由字模软件取模得来的 16×16 的汉字
/*-- 文字:   你 --*/
/*-- Fixedsys12;  此字体下对应的点阵为：宽×高=16×16    --*/
0x00,0x80,0x60,0xF8,0x07,0x40,0x20,0x18,0x0F,0x08,0xC8,0x08,0x08,0x28,0x18,0x00,0x01,0x00,0x00,
0xFF,0x00,0x10,0x0C,0x03,0x40,0x80,0x7F,0x00,0x01,0x06,0x18,0x00,
/*-- 文字:   好 --*/
/*-- Fixedsys12;  此字体下对应的点阵为：宽×高=16×16    --*/
0x10,0x10,0xF0,0x1F,0x10,0xF0,0x00,0x80,0x82,0x82,0xE2,0x92,0x8A,0x86,0x80,0x00,0x40,0x22,0x15,
0x08,0x16,0x61,0x00,0x00,0x40,0x80,0x7F,0x00,0x00,0x00,0x00,0x00,
/*-- 文字:   世 --*/
/*-- Fixedsys12;  此字体下对应的点阵为：宽×高=16×16    --*/
0x20,0x20,0x20,0xFE,0x20,0x20,0xFF,0x20,0x20,0x20,0xFF,0x20,0x20,0x20,0x20,0x00,0x00,0x00,0x00,
0x7F,0x40,0x40,0x47,0x44,0x44,0x44,0x47,0x40,0x40,0x40,0x00,0x00,
/*-- 文字:   界 --*/
/*-- Fixedsys12;  此字体下对应的点阵为：宽×高=16×16    --*/
0x00,0x00,0x00,0xFE,0x92,0x92,0x92,0xFE,0x92,0x92,0x92,0xFE,0x00,0x00,0x00,0x00,0x08,0x08,0x04,
0x84,0x62,0x1E,0x01,0x00,0x01,0xFE,0x02,0x04,0x04,0x08,0x08,0x00,
/*-- 文字:      --*/
/*-- Fixedsys12;  此字体下对应的点阵为：宽×高=16×16    --*/
0x00,0x00,0x00,0x00,0x00,0x00,0x00,0x00,0x00,0x00,0x00,0x00,0x00,0x00,0x00,0x00,0x00,0x00,0x00,
0x00,0x00,0x00,0x00,0x00,0x00,0x00,0x00,0x00,0x00,0x00,0x00,0x00,
```

```
};
uchar code zm8x16[][16]={//由字模软件取模得来的 8×16 数字
/*--   文字：    0   --*/
/*--   宋体 12;   此字体下对应的点阵为：宽×高=8×16      --*/
0x00,0xE0,0x10,0x08,0x08,0x10,0xE0,0x00,0x00,0x0F,0x10,0x20,0x20,0x10,0x0F,0x00,
/*--   文字：    1   --*/
/*--   宋体 12;   此字体下对应的点阵为：宽×高=8×16      --*/
0x00,0x10,0x10,0xF8,0x00,0x00,0x00,0x00,0x20,0x20,0x3F,0x20,0x20,0x00,0x00,
/*--   文字：    2   --*/
/*--   宋体 12;   此字体下对应的点阵为：宽×高=8×16      --*/
0x00,0x70,0x08,0x08,0x08,0x88,0x70,0x00,0x00,0x30,0x28,0x24,0x22,0x21,0x30,0x00,
/*--   文字：    3   --*/
/*--   宋体 12;   此字体下对应的点阵为：宽×高=8×16      --*/
0x00,0x30,0x08,0x88,0x88,0x48,0x30,0x00,0x00,0x18,0x20,0x20,0x20,0x11,0x0E,0x00,
/*--   文字：    4   --*/
/*--   宋体 12;   此字体下对应的点阵为：宽×高=8×16      --*/
0x00,0x00,0xC0,0x20,0x10,0xF8,0x00,0x00,0x00,0x07,0x04,0x24,0x24,0x3F,0x24,0x00,
/*--   文字：    5   --*/
/*--   宋体 12;   此字体下对应的点阵为：宽×高=8×16      --*/
0x00,0xF8,0x08,0x88,0x88,0x08,0x08,0x00,0x00,0x19,0x21,0x20,0x20,0x11,0x0E,0x00,
/*--   文字：    6   --*/
/*--   宋体 12;   此字体下对应的点阵为：宽×高=8×16      --*/
0x00,0xE0,0x10,0x88,0x88,0x18,0x00,0x00,0x00,0x0F,0x11,0x20,0x20,0x11,0x0E,0x00,
/*--   文字：    7   --*/
/*--   宋体 12;   此字体下对应的点阵为：宽×高=8×16      --*/
0x00,0x38,0x08,0x08,0xC8,0x38,0x08,0x00,0x00,0x00,0x00,0x3F,0x00,0x00,0x00,0x00,
/*--   文字：    8   --*/
/*--   宋体 12;   此字体下对应的点阵为：宽×高=8×16      --*/
0x00,0x70,0x88,0x08,0x08,0x88,0x70,0x00,0x00,0x1C,0x22,0x21,0x21,0x22,0x1C,0x00,
/*--   文字：    9   --*/
/*--   宋体 12;   此字体下对应的点阵为：宽×高=8×16      --*/
0x00,0xE0,0x10,0x08,0x08,0x10,0xE0,0x00,0x00,0x00,0x31,0x22,0x22,0x11,0x0F,0x00
};
void busy12864()                //LCD12864 忙检测
{
    lcd_data=0xff;              //将数据线端口置 1，防止干扰
    RS=0;RW=1;                  //置"命令，读"模式
    E=1;//开启使能
    while(lcd_data&0x80);       //若忙则等待
    E=0;
    delay(1);
}

void writeCMD(uchar CMD)        //写命令模式子函数
{
    busy12864();               //调用子函数 busy12864()
    RS=0;RW=0;                  //置"命令，写"模式
    lcd_data=CMD;              //将命令传递给数据线端口
```

```
        E=1;E=0;                        //使之有效
}

void writeDAT(uchar DAT)        //写数据模式子函数
{
        busy12864();                    //调用子函数 busy12864()
        RS=1;RW=0;                      //置"数据,写"模式
        lcd_data=DAT;                   //将数据传递给数据线端口
        E=1;E=0;                        //使之有效
}

void clean_lcd()                //清屏子函数
{
        uchar i,j;
        CS1=CS2=0;                      //同时选中左半屏和右半屏
        for(i=0;i<8;i++)                //LCD12864 共 8 页,所以循环 8 次
        {
                writeCMD(0XB8+i);       //光标到第 i 页,从上循环到下
                writeCMD(0X40);         //光标到列首
                for(j=0;j<64;j++)       /*左半屏和右半屏都是 64 个点,共 128 个点。因此同时选中左半屏和右
                                           半屏,所以全屏幕写 0 清屏*/
                        writeDAT(0);    //写 0 清屏,将全屏幕所有的点都设置为 0,达到清屏效果
        }
}

void init12864()                //LCD12864 初始化
{
        writeCMD(0x3F);                 //开显示
        writeCMD(0XC0);                 //设置显示起始行
        clean_lcd();                    //清屏
}

void show16x16(uchar row,uchar col,uchar n)     /*显示汉字子函数,row 为行,col 为列,n 为汉字数组
                                                   中的第 n 个字*/
{
        uchar i,j;
        if(col<64)                      //如果参数列 col 小于 64,那么当前位置属于左半屏范围
        {CS1=0,CS2=1;}                  //选中左半屏信号,关闭右半屏信号
        else                            //否则,即参数列 col 大于 64,那么当前位置属于右半屏范围
        {CS1=1;CS2=0; col-=64;}         /*选中右半屏信号,关闭左半屏信号,并且 col=col-64。这样右半屏
                                           范围也是 0~63*/
        for(j=0;j<2;j++)
        {
                writeCMD(0xB8+row+j);            /*光标到第 row(参数)页,j=0 时,显示的是字的上半
                                                   部分;j=1 时,显示的是字的下半部分*/
                writeCMD(0x40+col);             //光标到"页首"加 col(参数),确定从第几列开始
                for(i=0;i<16;i++)               //因为输出的是 16×16 的汉字,所以需要 16 次循环
                writeDAT(zm16x16[n][i+j*16]);   //将 16×16 的汉字代码依次输出
```

```
                                    /*例：当 n=0，j=0 时，输出 zm16x16[0][16]，即"你"的
                                      上半部分；当 n=0，j=1 时，输出 zm16x16[0][32]，即
                                      "你"的下半部分*/
        }
    }
void show8x16(uchar row,uchar col,uchar n)         //显示单个数字子函数
{
    uchar i,j;
    if(col<64){CS1=0,CS2=1;}                        //左半屏和右半屏选择，同上
    else {CS1=1;CS2=0; col-=64;}
    for(j=0;j<2;j++)
    {
        writeCMD(0xb8+row+j);
        writeCMD(0x40+col);
        for(i=0;i<8;i++)                            //因为输出的是 8×16 的数字，所以需要 8 次循环
        {
            writeDAT(zm8x16[n][i+j*8]);
                                    /*例：当 n=0，j=0 时，输出 zm8x16[0][8]，即"0"的
                                      上半部分；当 n=0，j=1 时，输出 zm16x16[0][16]，即
                                      "0"的下半部分。*/
        }
    }
}
void show_digit(uchar row,uchar col,uint num)       //显示数字，百位数。row 为行，col 为列，num 为显示
                                                     数字
{

    if(num>=100)                                     //如果参数 num 大于 100，那么屏幕上显示百位数
    {show8x16(row,col,num/100);}
    else                                             /*例：num=123，num/100=123/100=1.23，因为 num 为
                                                      整型 int，小数点后被省略，即 123/100=1*/
    {show16x16(row,col,4);}                          //显示空白
    if(num>=10)                                      //如果参数 num 大于 10，那么屏幕上显示十位数
        show8x16(row,col+8,num/10%10);
                                    /*例：num=123，num/100=123/10=12.3，因为 num 为整
                                      型 int，所以小数点后被省略，即 123/10=12,12%10=2*/
    else
        show16x16(row,col+8,4);                      //显示空白
    show8x16(row,col+16,num%10);                     //显示个位数
}
void main()
{
    uchar i=0;                                       //为下面的循环做准备
    init12864();                                     //LCD12864 初始化
    delay(500);                                      //等待初始化完成
    show16x16(0,48,0);                               //显示"你"
    show16x16(0,64,1);                               //显示"好"
    delay(40000);
```

```
show16x16(2,48,2);              //显示"世"
show16x16(2,64,3);              //显示"界"
delay(60000);
delay(60000);
clean_lcd();                    //清屏
delay(60000);
while(1)                        //大循环
{
    i++;
    if(i==15)                   //如果 i 等于 15，那么 i 归零
        i=0;
    show_digit(3,48,i);         //显示数字 i
    delay(60000);
}
}
```

请同学们完成以上程序，并验证实验结果。

 评价与分析

通过本次学习活动，掌握 LCD12864 的原理，掌握单片机驱动 LCD12864 的方法，能够应用 LCD12864，掌握 LCD12864 的编程原理，能够正确编程并使 LCD12864 显示文字，开展自评和教师评价，填写表 11-3。

表 11-3　活动过程评价表

班　级		姓　　名		学　　号			日　期	
序　号	评价要点			配分/分	自　评	教师评价	总　评	
1	理解汉字显示的原理			10				
2	掌握汉字取模的方法			10				
3	理解倒计时的方法			10				
5	能够正确设置汉字的位置			10			A	
6	能够正确绘制仿真图			10			B	
7	能够充分理解程序的功能			10			C	
8	能够与同组成员共同完成任务			10			D	
9	能够严格遵守作息时间			10				
10	及时完成实例操作的任务			10				
小结与建议			合计	100				

注：总评档次分配包括 0～59 分（D 档）；60～74 分（C 档）；75～84 分（B 档）；85～100 分（A 档）。
根据合计的得分，在相应的档次上打钩。

学习活动二　LCD12864 的滚动显示

 学习目标

1. 掌握 LCD12864 的滚动显示指令。
2. 能够正确编程，使 LCD12864 滚动显示文字。

建议学时

2 学时

学习准备

使用 Keil μVision4 开发软件和 Proteus7.8 仿真软件进行学习。

学习过程

本次活动学习如何使显示的字体滚动起来。电路图如图 11-12 所示,显示的内容如图 11-13 所示,只不过这些文字可以向上滚动与向下滚动。如何来实现这个功能呢？这里要用到一个方法：通过间隔一定时间设置不同的"显示起始行"来实现滚动显示,显示起始行的数值平稳增大或减小。

这里实际上使用了 Z 地址计数器,这个地址计数器用来记录显示的起始行,它在 0~63 范围内变化,即从第 0 行开始到第 63 行为止。

参考程序如下。

```
#include<reg52.h>
#define uchar unsigned char        //宏定义，将 unsigned char 定义为 uchar
#define uint unsigned int          //宏定义，将 unsigned int 定义为 uint
#define lcd_data P0                 //宏定义，将 P0 定义为 lcd_data
sbit RS=P2^0;                       //1=数据，0=命令
sbit RW=P2^1;                       //1=读，0=写
sbit E=P2^2;                        //1=使能，0=禁止
sbit CS2=P2^3;                      //右半屏信号：0=选中右半屏，1=关闭右半屏
sbit CS1=P2^4;                      //左半屏信号：0=选中左半屏，1=关闭左半屏

uchar code zm16x16[][32]={          //由字模软件取模得来的 16×16 的汉字
/*--  文字：   你  --*/
/*--  Fixedsys12;  此字体下对应的点阵为：宽×高=16×16    --*/
0x00,0x80,0x60,0xF8,0x07,0x40,0x20,0x18,0x0F,0x08,0xC8,0x08,0x08,0x28,0x18,0x00,
0x01,0x00,0x00,0xFF,0x00,0x10,0x0C,0x03,0x40,0x80,0x7F,0x00,0x01,0x06,0x18,0x00,
/*--  文字：   好  --*/
/*--  Fixedsys12;  此字体下对应的点阵为：宽×高=16×16    --*/
0x10,0x10,0xF0,0x1F,0x10,0xF0,0x00,0x80,0x82,0x82,0xE2,0x92,0x8A,0x86,0x80,0x00,
0x40,0x22,0x15,0x08,0x16,0x61,0x00,0x00,0x40,0x80,0x7F,0x00,0x00,0x00,0x00,0x00,
/*--  文字：   世  --*/
/*--  Fixedsys12;  此字体下对应的点阵为：宽×高=16×16    --*/
0x20,0x20,0x20,0xFE,0x20,0x20,0xFF,0x20,0x20,0x20,0xFF,0x20,0x20,0x20,0x20,0x00,
0x00,0x00,0x00,0x7F,0x40,0x40,0x47,0x44,0x44,0x44,0x47,0x40,0x40,0x40,0x00,0x00,
/*--  文字：   界  --*/
/*--  Fixedsys12;  此字体下对应的点阵为：宽×高=16×16    --*/
0x00,0x00,0x00,0xFE,0x92,0x92,0x92,0xFE,0x92,0x92,0x92,0xFE,0x00,0x00,0x00,0x00,
0x08,0x08,0x04,0x84,0x62,0x1E,0x01,0x00,0x01,0xFE,0x02,0x04,0x04,0x08,0x08,0x00,
/*--  文字：      --*/
/*--  Fixedsys12;  此字体下对应的点阵为：宽×高=16×16    --*/
0x00,0x00,0x00,0x00,0x00,0x00,0x00,0x00,0x00,0x00,0x00,0x00,0x00,0x00,0x00,0x00,
```

```
0x00,0x00,0x00,0x00,0x00,0x00,0x00,0x00,0x00,0x00,0x00,0x00,0x00,0x00,0x00,0x00,
};
void delay(uint i){while(i--);}          //延时函数

void busy12864()                         //LCD12864 忙检测
{
    lcd_data=0xff;                       //将数据线端口置 1，防止干扰
    RS=0;RW=1;                           //置"命令，读"模式
    E=1;                                 //开启使能
    delay(1);
    E=0;
    //while(lcd_data&0x80);              //若忙则等待
    delay(1);
}

void writeCMD(uchar CMD)                 //写命令模式子函数
{
    busy12864();                         //调用子函数 busy12864()
    RS=0;RW=0;                           //置"命令，写"模式
    lcd_data=CMD;                        //将命令传递给数据线端口
    E=1;E=0;                             //使之有效
}

void writeDAT(uchar DAT)                 //写数据模式子函数
{
    busy12864();                         //调用子函数 busy12864()
    RS=1;RW=0;                           //置"数据，写"模式
    lcd_data=DAT;                        //将数据传递给数据线端口
    E=1;E=0;                             //使之有效
}

void clean_lcd()                         //清屏子函数
{
    uchar i,j;
    CS1=CS2=0;                           //同时选中左半屏和右半屏
    for(i=0;i<8;i++)                     //LCD12864 共 8 页，所以循环 8 次
    {
        writeCMD(0XB8+i);                //光标到第 i 页，从上循环到下
        writeCMD(0X40);                  //光标到页首
        for(j=0;j<64;j++)                /*左半屏和右半屏都是 64 个点，共 128 个点。因为同时选中左半屏
                                           和右半屏，所以全屏幕写 0 清屏*/
            writeDAT(0);                 //写 0 清屏，将全屏幕所有的点都设置为 0，达到清屏效果
    }
}

void init12864()                         //LCD12864 初始化
{
    writeCMD(0x3F);                      //开显示
```

```
        writeCMD(0XC0);                  //设置显示起始行
        clean_lcd();                     //清屏
    }

    void show16x16(uchar row,uchar col,uchar n)    /*显示汉字子函数，row 为行，col 为列，n 为汉字数组
                                                      里的第 n 个字*/
    {
        uchar i,j;
        if(col<64)              //如果参数列 col 小于 64，那么当前位置属于左半屏范围
        {CS1=0,CS2=1;}          //选中左半屏信号，关闭右半屏信号
        else                    //否则，即参数列 col 大于 64，那么当前范围属于右半屏范围
        {CS1=1;CS2=0; col-=64;} //选中右半屏信号，关闭左半屏信号，并且 col=col-64。这样右半屏范围
                                  也是 0～63
        for(j=0;j<2;j++)
        {
            writeCMD(0xB8+row+j);           //光标到第 row（参数）页，j=0 时，显示的是字的上半
部分；j=1 时，显示的是字的下半部分
            writeCMD(0x40+col);             //光标到页首加 col（参数），确定从第几列开始
            for(i=0;i<16;i++)               //因为输出的是 16×16 的汉字，所以需要 16 次循环
                writeDAT(zm16x16[n][i+j*16]); //将 16×16 的汉字代码依次输出
                                            /*例：当 n=0，j=0 时，输出 zm16x16[0][16]，即"你"
                                               的上半部分；当 n=0，j=1 时，输出 zm16x16[0][32]，
                                               即"你"的下半部分*/
        }
    }

    void main()
    {
        uchar i=0;              //为下面的循环做准备
        init12864();           //LCD12864 初始化
        delay(500);            //等待初始化完成
        while(1)               //大循环
        {
            show16x16(0,48,0); //显示"你"
            show16x16(0,64,1); //显示"好"
            show16x16(2,48,2); //显示"世"
            show16x16(2,64,3); //显示"界"
            for(i=0;i<64;i++)
            {
                writeCMD(0xc0+i);
                CS1=0;CS2=0;
                delay(10000);
            }
            for(i=63;i>0;i--)
            {
                writeCMD(0xc0+i);
                CS1=0;CS2=0;
                delay(10000);
```

```
        }
        clean_lcd();
    }
}
```

在该程序中，最关键的指令是 writeCMD(0xc0+i) 及延时函数 delay(10000)，"显示起始行"根据 i 的变化会不断地改变，改变的时间间隔由 delay(10000) 决定，我们可以通过调整 delay() 函数中的参数大小来调整时间间隔，从而实现滚动的快慢变化。

请同学们认真学习上述程序，并上机验证与仿真通过。

评价与分析

通过本次学习活动，掌握 LCD12864 的原理，掌握单片机驱动 LCD12864 的方法，能够应用 LCD12864，掌握 LCD12864 的滚动显示指令，能够正确编程并使 LCD12864 滚动显示文字，开展自评和教师评价，填写表 11-4。

表 11-4　活动过程评价表

班　　级		姓　　名		学　　号			日　　期	
序　　号	评价要点			配分/分	自　　评	教师评价	总　　评	
1	能够正确设置显示起始行			10				
2	能够掌握汉字显示的方法			10				
3	掌握汉字取模的方法			10				
4	学会编写汉字显示的子函数			10				
5	掌握 LCD12864 的初始化方法			10			A	
6	掌握 LCD12864 的地址映射			10			B	
7	掌握 LCD12864 滚动显示的指令			10			C	
8	能够与同组成员共同完成任务			10			D	
9	能够严格遵守作息时间			10				
10	及时完成实例操作的任务			10				
小结与建议		合计		100				

注：总评档次分配包括 0～59 分（D 档）；60～74 分（C 档）；75～84 分（B 档）；85～100 分（A 档）。
根据合计的得分，在相应的档次上打钩。

学习活动三　LCD12864 显示图片

学习目标

1. 掌握 LCD12864 显示图片的原理。
2. 能够正确对图片取模，并通过编程显示出来。

建议学时

2 学时

学习准备

使用 Keil μVision4 开发软件和 Proteus7.8 仿真软件进行学习。

学习过程

前面两个学习活动主要涉及文字的显示，如何进行图片的显示呢？本次活动我们就来学习图片的显示方法。

本次任务要完成显示一幅分辨率为 128 像素×64 像素的单色图片，单色图片如图 11-15 所示。

电路图沿用图 11-12。

图 11-15　单色图片

要用 LCD12864 显示图 11-15，就要先对图片进行取模，使用取模工具 zimo221 进行取模，取模的方法是：纵向取模、字节倒序。得到模数据后，把它建立为一个名为 pic[] 的数组，此数据要用 code 关键字限定，让它存入单片机的 ROM 中。

参考程序如下。

```
#include<reg52.h>
#define uchar unsigned char   //宏定义，将 unsigned char 定义为 uchar
#define uint unsigned int      //宏定义，将 unsigned int 定义为 uint

#define addX0 0XB8
#define addY0 0X40
#define addZ0 0XC0
#define lcdxs 0X3F

#define lcd_data P0            //宏定义，将 P0 定义为 lcd_data
sbit RS=P2^0;                  //1=数据，0=命令
sbit RW=P2^1;                  //1=读，0=写
sbit E=P2^2;                   //1=使能，0=禁止
sbit CS2=P2^3;                 //右半屏信号：0=选中右半屏，1=关闭右半屏
sbit CS1=P2^4;                 //左半屏信号：0=选中左半屏，1=关闭左半屏

uchar code pic[]={
/*-- 调入了一幅图像：任务十一 LCD12864 的应用\tupian.bmp  --*/
/*-- 宽度×高度=128×64  --*/
0x00,0x00,0x00,0x00,0x00,0x00,0x00,0x00,0x00,0x00,0x00,0x00,0x00,0x00,0x00,0x00,
0x00,0x00,0x00,0x00,0x00,0x00,0x00,0x00,0x00,0x00,0x00,0x00,0x00,0x00,0x00,0x00,
0x00,0x00,0x00,0x10,0xF0,0xF8,0xFC,0xFC,0xFC,0x7E,0x3C,0x3E,0x1E,0x06,0x04,0x01,
0x01,0x00,0xC0,0x80,0xC0,0xE0,0xC0,0xE0,0xE0,0xE0,0xF0,0xF0,0xF0,0xF0,0xF0,0xF0,
0xF0,0xF0,0xF0,0xF0,0xF0,0xF0,0xF0,0xF8,0xF0,0xF0,0xF0,0xF0,0xF0,0xF0,0xE0,0xE0,
0xE0,0xE0,0xC0,0xC0,0xC0,0xC0,0xC0,0x80,0x00,0x80,0x00,0x00,0x00,0x00,0x00,0x00,
0x00,0x00,0x00,0x00,0x00,0x00,0x00,0x00,0x00,0x00,0x00,0x00,0x00,0x00,0x00,0x00,
0x00,0x00,0x00,0x00,0x00,0x00,0x00,0x00,0x00,0x00,0x00,0x00,0x00,0x00,0x00,0x00,
0x00,0x00,0x00,0x00,0x00,0x00,0x00,0x00,0x00,0x00,0x00,0x00,0x00,0x00,0x00,0x00,
0x00,0x00,0x00,0x02,0x01,0x07,0x07,0x01,0x00,0x00,0x00,0x00,0x10,0x3A,0x3E,0x7E,
```

0xFF,0xFF,0xFF,0xCF,0x8F,0xAF,0x0F,0x1F,0x0F,0x0F,0x0F,0x8F,0x8F,0xEF,0xDF,0xFF,
0xFF,0xFF,0xFF,0xFF,0xFF,0xFF,0xFF,0xFF,0xFF,0xFF,0xFF,0xFF,0xFF,0xFF,0xFF,
0xFF,0xFF,0xFF,0xFF,0x7F,0x7F,0x1F,0x1F,0x0F,0x07,0x07,0x02,0x00,0x00,0x00,0x00,
0x00,0x00,0x00,0x00,0x00,0x00,0x00,0x00,0x00,0x00,0x00,0x00,0x00,0x00,0x00,0x00,
0x00,0x00,0x00,0x00,0x00,0x00,0x00,0x00,0x00,0x00,0x00,0x00,0x00,0x00,0x00,0x00,
0x00,0x00,0x00,0x00,0x00,0x00,0x00,0x00,0x00,0x00,0x00,0x00,0x00,0x00,0x00,0x00,
0x00,0x00,0x00,0x00,0x00,0x00,0xC0,0x80,0xC0,0xC0,0xC0,0xC0,0xC0,0x40,0x40,0x40,
0x40,0x60,0x40,0x40,0x00,0x40,0x00,0x00,0x80,0xC0,0xE0,0xF0,0xF0,0xFA,0xFE,0xFF,
0xFF,0xFF,0x7F,0x3F,0xDF,0xF2,0xF8,0xFC,0xFE,0xFF,0xFF,0xFF,0x7F,0x3F,0x1F,0x0F,
0x9F,0xFF,0xFF,0xFF,0xFF,0xFF,0xFF,0xFF,0xFF,0xFF,0x7F,0x3F,0x3F,0x1F,0x07,
0x03,0x03,0x01,0x00,0x00,0x00,0x00,0x00,0x00,0xC0,0x80,0xC0,0x80,0xC0,0xC0,0xC0,
0xC0,0xC0,0x40,0x40,0x40,0x60,0x40,0x40,0x40,0x60,0x40,0x50,0x40,0x00,0x00,0x80,
0x80,0x00,0x00,0x00,0x00,0x00,0x00,0x00,0x00,0x00,0x00,0x00,0x00,0x00,0x00,0x00,
0x00,0x00,0x00,0x00,0x00,0x00,0x00,0x00,0x00,0x00,0x00,0x00,0xC0,0xE0,0xF0,0xF8,
0xFC,0x3C,0x1E,0x1F,0x07,0x0F,0x03,0x03,0x01,0x01,0x00,0x00,0x00,0x00,0x00,0xC0,
0xE0,0xF0,0x78,0x7C,0x3C,0x7E,0x1F,0x1F,0x1F,0x1F,0x1F,0x1F,0x07,0x07,0x03,0x03,
0x01,0x00,0x00,0x00,0x01,0x07,0x0F,0x1F,0x3F,0x7F,0x7F,0xF0,0xF0,0xE0,0xC0,0xF8,
0xFF,0xFF,0xFF,0xFF,0xFF,0xFF,0xFF,0x1F,0x1F,0x07,0x01,0x00,0x00,0x00,0x00,0xC0,
0xD0,0xE0,0xF0,0xF8,0xFC,0x3E,0x3E,0x1F,0x07,0x07,0x07,0x03,0x01,0x01,0x00,0x00,
0x00,0x00,0x00,0x00,0x00,0x00,0x00,0x00,0x00,0x00,0x00,0x00,0x00,0x00,0x00,0x00,
0x00,0x00,0x00,0x00,0x01,0x00,0x00,0x00,0x00,0x00,0x00,0x00,0x00,0x00,0x00,0x00,
0x00,0x00,0x00,0x00,0x00,0x00,0x00,0x00,0x00,0x00,0xFC,0xFF,0xFF,0xFF,0xFF,0xF7,
0x01,0x00,0x00,0x00,0x00,0x00,0x00,0x00,0x00,0x00,0x00,0x00,0x00,0x00,0x05,0x07,
0x01,0x00,0x00,0x00,0x00,0x00,0x00,0x00,0x00,0x00,0x00,0x80,0x00,0x80,0xC0,0x60,
0x40,0x20,0x20,0x10,0x10,0x00,0x00,0x00,0x00,0x00,0x00,0x00,0x01,0x03,0x07,0x0F,
0x1F,0x7F,0xFF,0xFF,0xFF,0xFF,0x00,0x00,0x00,0x00,0x00,0x00,0x10,0x78,0xFE,0xFF,
0xFF,0xFF,0xFF,0xFF,0x01,0x00,0x00,0x00,0x00,0x00,0x00,0x00,0x00,0x00,0x00,0x00,
0x00,0x00,0x00,0x00,0x00,0x00,0x00,0x00,0x00,0x00,0x00,0x00,0x00,0x00,0x00,0x00,
0x00,0x00,0x00,0x80,0x00,0xC0,0x40,0x00,0x00,0x00,0x00,0x00,0x00,0x00,0x00,0x00,
0x00,0x00,0x00,0x00,0x00,0x00,0x00,0x00,0x00,0x00,0x00,0x01,0x07,0x1F,0x3F,0x3F,0xFF,
0x7F,0xFE,0xFC,0xF0,0xE0,0xE0,0xC0,0xC0,0xC0,0xC0,0xC0,0xC0,0xC0,0xC0,0xC0,0xC0,
0xE0,0xE0,0x70,0x70,0x30,0x70,0x18,0x08,0x1C,0x06,0x06,0x03,0x01,0x00,0x00,0x00,
0x00,0x00,0x00,0x00,0x00,0x00,0x00,0x00,0x00,0x00,0x00,0x00,0x00,0x00,0x00,0x00,
0x00,0x00,0x00,0x01,0x03,0x07,0x0F,0x19,0x10,0x60,0x00,0x50,0x00,0x00,0x07,0x0F,
0x0F,0x3F,0x3F,0xFF,0x7E,0xF8,0xF0,0xF0,0xE0,0xC0,0xC0,0x80,0x80,0x80,0x80,0x80,
0x80,0x80,0x80,0xC0,0x80,0x80,0xC0,0xC0,0xC0,0x60,0x60,0x70,0x30,0x38,0x18,0x0C,
0x04,0x06,0x06,0x01,0x01,0x00,0x00,0x00,0x00,0x00,0x00,0x00,0x00,0x00,0x00,0x00,
0x00,0x00,0x00,0x00,0x00,0x00,0x00,0x00,0x00,0x00,0x00,0x00,0x00,0x00,0x00,0x00,
0x00,0x00,0x01,0x01,0x01,0x03,0x03,0x03,0x03,0x03,0x03,0x03,0x01,0x03,0x01,0x01,
0x01,0x00,0x00,0x00,0x00,0x00,0x00,0x00,0x00,0x00,0x00,0x00,0x00,0x00,0x00,0x00,
0x00,0x00,0x00,0x80,0x00,0x40,0x40,0x40,0x20,0x20,0x00,0x10,0x10,0x30,0x10,0x10,
0x10,0x10,0x10,0x10,0x10,0x18,0x10,0x18,0x10,0x20,0x20,0x70,0x60,0x40,0x40,0x80,
0xC0,0x80,0x80,0x80,0x00,0x00,0x00,0x01,0x01,0x01,0x01,0x03,0x03,0x03,0x03,0x03,
0x03,0x03,0x01,0x01,0x01,0x01,0x00,0x01,0x00,0x00,0x00,0x00,0x00,0x00,0x00,0x00,
0x00,0x00,0x00,0x00,0x00,0x00,0x00,0x00,0x00,0x00,0x00,0x00,0x00,0x00,0x00,0x00,
0x00,0x10,0x10,0x08,0x08,0x06,0x06,0x02,0x02,0x03,0x03,0x03,0x03,0x01,0x01,0x01,
0x03,0x02,0x01,0x03,0x03,0x07,0x07,0x03,0x07,0x06,0x06,0x05,0x06,0x0C,0x0C,0x0C,
0x08,0x18,0x18,0x18,0x08,0x18,0x08,0x08,0x08,0x08,0x0A,0x08,0x04,0x02,0x00,0x00,

```
0x01,0x01,0x00,0x00,0x00,0x00,0x00,0x00,0x00,0x00,0x00,0x00,0x00,0x00,0x00,0x00,
0x00,0x00,0x00,0x00,0x00,0x00,0x00,0x00,0x00,0x00,0x00,0x00,0x00,0x00,0x00,0x00,
0x00,0x00,0x01,0x01,0x01,0x03,0x06,0x02,0x02,0x06,0x06,0x14,0x04,0x06,0x04,0x0C,
0x08,0x08,0x08,0x18,0x18,0x08,0x08,0x08,0x08,0x10,0x10,0x10,0x10,0x10,0x10,0x10,
0x10,0x00,0x00,0x00,0x00,0x00,0x00,0x00,0x00,0x00,0x00,0x00,0x00,0x00,0x00,0x00,
};

void delay(uint i){while(i--);}        //延时函数

void busy12864()                       //LCD12864 忙检测
{
    lcd_data=0xff;                     //将数据线端口置 1，防止干扰
    RS=0;RW=1;                         //置"命令，读"模式
    E=1;                               //开启使能
    delay(1);
    E=0;
    //while(lcd_data&0x80);            //若忙则等待
    delay(1);
}

void writeCMD(uchar CMD)               //写命令模式子函数
{
    busy12864();                       //调用子函数 busy12864()
    RS=0;RW=0;                         //置"命令，写"模式
    lcd_data=CMD;                      //将命令传递给数据线端口
    E=1;E=0;                           //使之有效
}

void writeDAT(uchar DAT)               //写数据模式子函数
{
    busy12864();                       //调用子函数 busy12864()
    RS=1;RW=0;                         //置"数据，写"模式
    lcd_data=DAT;                      //将数据传递给数据线端口
    E=1;E=0;                           //使之有效
}

void clean_lcd()                       //清屏子函数
{
    uchar i,j;
    CS1=CS2=0;                         //同时选中左半屏和右半屏
    for(i=0;i<8;i++)                   //LCD12864 共 8 页，所以循环 8 次
    {
        writeCMD(addX0+i);//光标到第 i 页，从上循环到下
        writeCMD(addY0);   //光标到页首
        for(j=0;j<64;j++)  /*左半屏和右半屏都是 64 个点，共 128 个点。因为同时选中左半屏和
                              右半屏，所以全屏幕写 0 清屏*/
            writeDAT(0); //写 0 清屏，将全屏幕所有的点都设置为 0，达到清屏效果
```

```
            }
    }

void init12864()              //LCD12864 初始化
{
    writeCMD(lcdxs);          //开显示
    writeCMD(addZ0);          //设置显示起始行
    clean_lcd();              //清屏
}


void show_picture(uchar *p)   //显示图片
{
    uchar i,j;
    writeCMD(addX0);          //设定显示图片的页面地址为第 0 页
    writeCMD(addY0);          //设定显示图片的列地址为第 0 列
    for(i=0;i<8;i++)          //进行循环写入数据
    {
        CS1=0;CS2=1;          //选择左半屏
        writeCMD(addX0+i);    //设定左半屏的页面地址与列地址
        writeCMD(addY0);
        for(j=0;j<64;j++)     //循环写入一页左半屏数据
        {
            writeDAT(p[i*128+j]);
        }
    //-----------------------------
        CS1=1;CS2=0;          //选择右半屏
        writeCMD(addX0+i);    //再次设定页面地址与列地址
        writeCMD(addY0);
        for(j=0;j<64;j++)     //循环写入一页右半屏数据
        {
            writeDAT(p[i*128+64+j]);
        }
    }
}


void main()
{
    uchar i=0;                //为下面的循环做准备
    init12864();              //LCD12864 初始化
    delay(500);               //等待初始化完成
    while(1)                  //大循环
    {
        clean_lcd();
        show_picture(pic);
        while(1);
    }
}
```

在本参考程序中，最关键的子函数是 show_picture(uchar *p)，该子函数的设计思想是：根据 LCD12864 分为左、右两个半屏，这两个半屏是相互独立控制的，要选中左、右半屏，就要设置 CS1=0，CS2=1 或 CS1=1，CS2=0。由此在显示时，要特别注意跨半屏的问题，必须先选择左半屏，显示一页内容，然后选择右半屏，显示一页内容，最后显示其他页面的内容。这里一定要分屏显示。

请同学们上机操作，并完成程序的编写与仿真。

 评价与分析

通过本次学习活动、掌握 LCD12864 的原理，掌握单片机驱动 LCD12864 的方法，能够应用 LCD12864，掌握 LCD12864 的滚动显示指令，能够正确编程并使 LCD12864 滚动显示文字，开展自评和教师评价，填写表 11-5。

表 11-5　活动过程评价表

班　级		姓　名		学　号			日　期	
序　号	评价要点			配分/分	自　评	教师评价	总　评	
1	能够正确选择左半屏和右半屏			10				
2	能够充分理解图片显示的原理			10				
3	掌握图片取模的方法			10				
4	理解图片显示函数的原理			10				
5	理解清屏子函数			10			A	
6	掌握 LCD12864 的初始化			10			B	
7	进一步掌握 LCD12864 的屏幕地址映射			10			C	
8	及时完成实例操作的任务			10			D	
9	能够严格遵守作息时间			10				
10	能够与同组成员共同完成任务			10				
小结与建议		合计		100				

注：总评档次分配包括 0～59 分（D 档）；60～74 分（C 档）；75～84 分（B 档）；85～100 分（A 档）。
根据合计的得分，在相应的档次上打钩。

任务十二 点阵的应用

 任务目标

1. 掌握 8×8 点阵的显示原理。
2. 掌握 8×8 点阵的驱动方法。
3. 能够应用 8×8 点阵。

 任务内容

LED 点阵是由 LED 排列组成的显示元件，在日常的电器中随处可见，被广泛应用于汽车报站器、广告屏等。

通常应用较多的是 8×8 点阵，多个 8×8 点阵可以组成不同分辨率的 LED 点阵显示屏，比如 16×16 点阵可以由 4 个 8×8 点阵组成。因此，理解了 8×8 点阵的工作原理，其他分辨率的 LED 点阵显示屏就都可以理解了。这里以 8×8 点阵为例来做介绍。图 12-1 所示为点阵实物图，左边是单个 8×8 点阵，右边是由 8 个 8×8 点阵拼在一起组成的点阵显示模块。

图 12-1　点阵实物图

一、8×8 点阵结构与点亮原理

8×8 点阵共由 64 个 LED 组成，且每个 LED 都被放置在行线和列线的交叉点上，如图 12-2 所示。若将某一行置 1 电平（因为行所接的是二极管的阳极，所以为高电平），将某一列置 0 电平（因为列所接的是 LED 的阴极，所以为低电平），则相应的 LED 就会被点亮；若要将第一个 LED 点亮，则引脚 DC8 接高电平，引脚 DR1 接低电平，第一个点就亮了；若要将第一行 LED 点亮，则引脚 DC8 接高电平，而 DR1～DR8 这些引脚接低电平，则第一行 LED 就会被点亮；若将第一列 LED 点亮，则引脚 DR1 接低电平，而 DC1～DC8 这些引脚接高电平，则第一列 LED 就会被点亮。

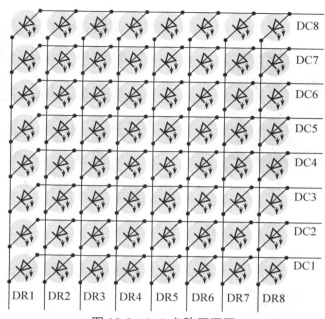

图 12-2　8×8 点阵原理图

二、8×8 点阵显示

LED 点阵列的显示方式是按显示编码的顺序，一行一行或一列一列地显示的。每一行或每一列的显示时间大约为 4ms，人类由于视觉暂留现象，将感觉到 8 行或 8 列 LED 是同时显示的。若显示的时间太短，则亮度不够；若显示的时间太长，则会感觉到闪烁。本书采用低电平逐列扫描，高电平输出显示信号，即轮流给列信号输出低电平，在任意时刻只有一列 LED 处于可以被点亮的状态，其他列都处于熄灭状态。

例如：要显示如图 12-3 所示的图形，该如何进行呢？

我们先来了解一下 Proteus7.8 版本中的 8×8 点阵，它的 8×8 点阵有 4 种颜色，分别是红色、蓝色、橙色、绿色。这 4 种 8×8 点阵内部的结构有些不同，从图 12-4 可以很清楚地看出它们的区别。其中，红色是一种，蓝色、橙色、绿色是另外一种。我们在使用时要特别注意它们之间的这种区别。

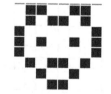

图 12-3　笑脸点阵

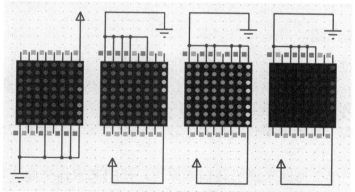

图 12-4　不同点阵的不同接线

观看彩图

下面分别以红色、蓝色两种点阵来讲解它们之间的区别。红色 8×8 点阵和蓝色 8×8 点阵分别如图 12-5 和图 12-6 所示。

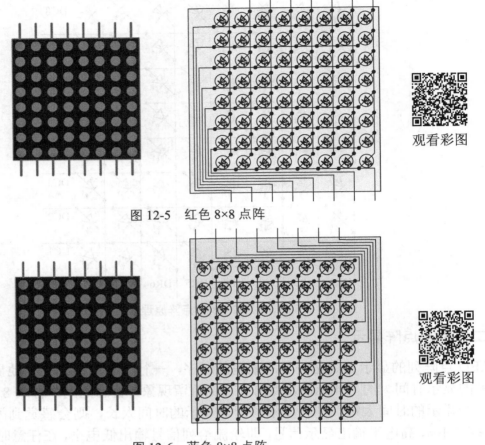

图 12-5　红色 8×8 点阵

观看彩图

图 12-6　蓝色 8×8 点阵

观看彩图

从图 12-5 和图 12-6 中看出，红色点阵的上部引脚需要接电源正极，下部引脚需要接电源负极才能被点亮。而蓝色点阵则与红色点阵正好相反。因此，在绘制仿真电路时，要特别注意引脚的连接，不要接错了。

想要显示如图 12-3 所示的图形，我们可以先将红色 8×8 点阵逆时针旋转 90°，然后将左边的引脚依次输出高电平，将右边的引脚依次输出通过取模工具取的模数据，最后再次循环，只要每次间隔时间比较短，利用人眼的视觉暂留特性，就可以显示一张完整的图片。具体请看学习活动一。

三、16×16 点阵介绍

汉字显示的原理如下。

在中文宋体字库中，每一个字都由 16 行 16 列的点阵组成显示，即国标汉字库中的每一个字均由 256 个点阵来表示。我们可以把每一个点理解为一个像素，而把每一个字的字形理解为一幅图像。事实上显示屏不仅可以显示汉字，而且可以显示在 256 像素范围内的任何图形。

我们以显示汉字"单"为例来说明其扫描原理，在中文宋体字库中，每一个字都由 16 行 16 列的点阵组成显示。如果用 AT89S51 单片机控制，由于单片机的总线为 8 位，那么一个字需要拆分为两个部分。一般我们把一个字拆分为上半部和下半部，上半部由 8×16 点阵组成，下半部也由 8×16 点阵组成。

完成上半部第一列的扫描后，继续扫描下半部的第一列。为了接线的方便，我们将列设计成自上而下扫描，将行设计成从 P0.7 向 P0.0 方向扫描。从图 12-7 的"单"字模可以看出，上半部第一列没有被点亮，即十六进制数为 0x00。扫描下半部第一列，即第 16 列有 1 个 LED 被点亮，十六进制数为 0x08。

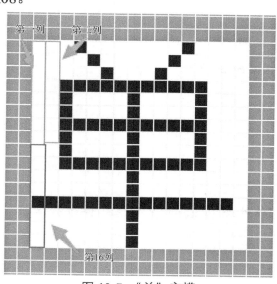

图 12-7　"单"字模

单片机转向上半部第二列，也没有被点亮，数据为 0x00，这一列完成后继续进行下半部的第二列扫描，即第 17 列有 1 个 LED 被点亮，十六进制数为 0x08。依据这个方法，继续进行下面的扫描，一共扫描 32 个 8 位，可以得出汉字"单"的扫描代码为：

0x00,0x00,0x1F,0x92,0x52,0x32,0x12,0x1F,0x12,0x32,0x52,0x92,0x1F,0x00,0x00,0x00,
0x08,0x08,0xC8,0x48,0x48,0x48,0x48,0xFF,0x48,0x48,0x48,0x48,0xC8,0x08,0x08,0x00,

由这个原理可以看出，无论显示何种字体或图像，都可以用这个方法来分析出它的扫描代码，从而将其显示在屏幕上。先把行列总线接在单片机的 I/O 端口，然后把上面分析得到的扫描代码送入总线，就可以得到显示的汉字了。除了 16×16 点阵，还有更多的组合，显示原理都是一样的。

小结

1. 使用 8×8 点阵绘制电路图时，一定要区分红色、绿色、橙色、蓝色 4 种点阵的区别。如果搞错了，那么是无法显示的。

2. 要显示一个完整的字符或文字，就要采用逐行或逐列的循环扫描方式进行。

3. 通过取模工具取出来的模数据与取模的方法有很大的关系，一定要了解取模的方法，这个方法会直接影响到循环扫描的方式。

 学习流程与活动

步　骤	学习内容与活动	建议学时
1	8×8 点阵的应用	2
2	16×16 点阵的应用	2
3	16×32 点阵的应用	2

学习活动一 8×8点阵的应用

学习目标

1. 能够正确绘制仿真图。
2. 能够应用8×8点阵显示图片。

建议学时

2学时

学习准备

使用 Keil μVision4 开发软件和 Proteus7.8 仿真软件进行学习。

学习过程

一、实例操作

运用8×8点阵显示模块显示"心"形图。

单点阵驱动电路图如图12-8所示。

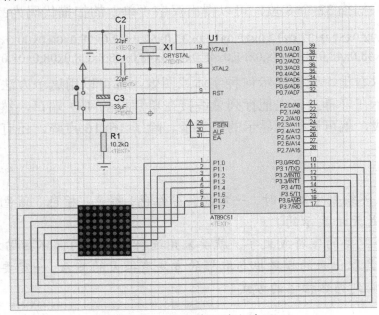

图12-8 单点阵驱动电路图

【分析】P1控制列，P3控制行。P3输出电流，P1接收电流。

二、参考程序

参考程序如下。

```
#include<reg51.h>
#define uchar unsigned char
```

```
#define uint unsigned int
uint code col[]={0x99,0xa5,0x7e,0x5a,0x7e,0xa5,0xdb,0xe7};      //列代码
uint code row[]={0x01,0x02,0x04,0x08,0x10,0x20,0x40,0x80};      //行代码
void delay(unsigned int i){while(i--);}
void main()
{
        int i;
        while(1)
        {
                for(i=0;i<8;i++)
                {
                        P3=row[i];delay(2);
                        P1=col[i];delay(2);
                        delay(500);
                }
        }
}
```

"心"形图如图 12-9 所示。

请同学们通过仿真验证，并在单片机实训设备上再次验证。

 评价与分析

通过本次学习活动，掌握 8×8 点阵的显示原理，掌握 8×8 点阵的驱动方法，能够应用 8×8 点阵，能够正确绘制仿真图，能够应用 8×8 点阵显示图片，开展自评和教师评价，填写表 12-1。

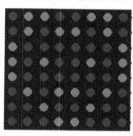

图 12-9　"心"形图

表 12-1　活动过程评价表

班　级		姓　名		学　号			日　期	
序　号	评价要点			配分/分	自　评	教师评价	总　评	
1	能够正确绘制仿真电路图			10				
2	能够掌握点阵的显示原理			10				
3	初步掌握点阵取模的方法			10				
4	能够使用 8×8 点阵显示其他图案			10			A	
5	能够掌握程序的编程格式			10			B	
6	能够完成在实训设备上的接线			10			C	
7	能够正确写出 8×8 点阵的显示程序			10			D	
8	能够完成整个程序的编写			10				
9	能够完成程序的仿真			10				
10	能够与同组成员共同完成任务			10				
小结与建议		合计		100				

注：总评档次分配包括 0～59 分（D 档）；60～74 分（C 档）；75～84 分（B 档）；85～100 分（A 档）。
根据合计的得分，在相应的档次上打钩。

学习活动二 16×16 点阵的应用

学习目标

1. 掌握 16×16 点阵的显示原理。
2. 正确进行编程并仿真。

建议学时

2 学时

学习准备

使用 Keil μVision4 开发软件和 Proteus7.8 仿真软件进行学习。

学习过程

在本次学习活动中，主要任务是运用 16×16 点阵显示模块显示汉字"单"。

一、电路图

四点阵驱动电路图如图 12-10 所示。

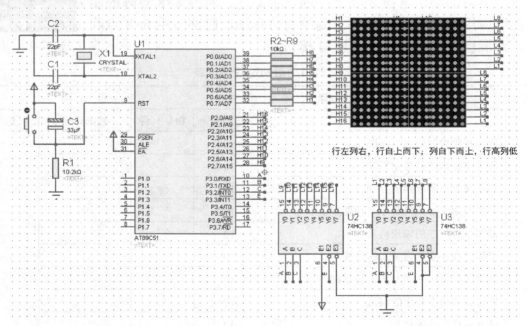

图 12-10 四点阵驱动电路图

【分析】在这个例子中，由于一共用到 16 行、16 列，如果将其全部接入 AT89S51 单片机，那么一共使用 32 个 I/O 端口，这样造成了 I/O 资源的耗尽，系统也再无扩充的余地。在实际应用中，我们使用 74HC138 译码器来完成列方向的显示。而行方向 16 条线则接在 P2 口和 P0 口。

下面来了解一下 74HC138 译码器芯片。

二、74HC138 译码器介绍

74HC138 译码器可接受 3 位二进制加权地址输入（A、B 和 C），并当使能时，提供 8 个互斥的低电平有效输出（Y0～Y7）。74HC138 译码器特有 3 个使能输入端：2 个低电平有效（E2 和 E3）和 1 个高电平有效（E1）。除非 E1 和 E2 置低且 E3 置高，否则 74HC138 译码器将保持所有输出为高。74HC138 译码器的引脚图如图 12-11 所示。

表 12-2 所示为 74HC138 译码器功能表。

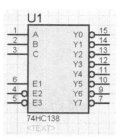

图 12-11　74HC138 译码器的引脚图

表 12-2　74HC138 译码器功能表

输　　入						输　　出							
E1	$\overline{E2}$	$\overline{E3}$	A2	A1	A0	$\overline{Y0}$	$\overline{Y1}$	$\overline{Y2}$	$\overline{Y3}$	$\overline{Y4}$	$\overline{Y5}$	$\overline{Y6}$	$\overline{Y7}$
X	1	X	X	X	X	1	1	1	1	1	1	1	1
X	X	1	X	X	X	1	1	1	1	1	1	1	1
0	X	X	X	X	X	1	1	1	1	1	1	1	1
1	0	0	0	0	0	0	1	1	1	1	1	1	1
1	0	0	0	0	1	1	0	1	1	1	1	1	1
1	0	0	0	1	0	1	1	0	1	1	1	1	1
1	0	0	0	1	1	1	1	1	0	1	1	1	1
1	0	0	1	0	0	1	1	1	1	0	1	1	1
1	0	0	1	0	1	1	1	1	1	1	0	1	1
1	0	0	1	1	0	1	1	1	1	1	1	0	1
1	0	0	1	1	1	1	1	1	1	1	1	1	0

注：1 表示高电平，0 表示低电平，X 表示任意电平。A2、A1、A0 分别是 A、B、C。
字母上方的"－"号说明低电平有效。

参考程序如下。

```c
#include<reg51.h>
#define uchar unsigned char
#define uint unsigned int
#define   dataP2   P2
#define   dataP0   P0
uchar   code   tab[]={        //字模软件设置：纵向取模，没有字节倒序
/*--  文字：   单  --*/
/*--  Fixedsys12; 此字体下对应的点阵为：宽×高=16×16   --*/
0x00,0x00,0x1F,0x92,0x52,0x32,0x12,0x1F,0x12,0x32,0x52,0x92,0x1F,0x00,0x00,0x00,
                //字模上面 8 行的数据，从左到右
0x08,0x08,0xC8,0x48,0x48,0x48,0x48,0xFF,0x48,0x48,0x48,0x48,0xC8,0x08,0x08,0x00,
                //字模下面 8 行的数据，从左到右
};
void delay(uint z)            //延时子函数
{
```

```
        uchar x;
        for(;z>0;z--)
                for(x=110;x>0;x--);
}

void xianshi()                    //显示
{
        uchar H1,H2,i;            //H1 为上 8 行，H2 为下 8 行
        for(i=0;i<16;i++)
        {
                P3=i;        //列扫描，例如：P3=1，即 0x01（0b0000 0001）；P3=16，即 0x0F（0b0000 1111）
                dataP0=tab[H1];  //取出上 8 行数据输出
                H2=H1+16;        //字模下面 8 行的数据从 tab[] 的第 16 个数据开始
                dataP2=tab[H2];  //取出下 8 行数据输出
                H1++;            //for 循环 16 次，上 8 行依次从第 1 列到 16 列
                delay(2);        //延时
                dataP2=0;        //清屏
                dataP0=0;        //清屏
                P3=0x00;         //消除余晖
                if(H1>=16) H1=0; //超过 16 列，归零重新显示
        }
}
void main()                      //主函数
{
    while(1)                     //无限循环
    {
        xianshi();               //调用函数，显示
    }
}
```

"单"字效果图如图 12-12 所示。

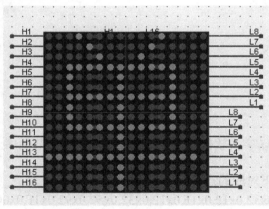

图 12-12 "单"字效果图

在仿真时，会有电平指示的红、蓝点影响"单"字的显示，可以通过以下方式关闭电平指示：选择"系统"→"设置动画选项"→"Animation Options"命令，取消勾选"Show Logic State of Pins?"复选框即可。

请同学们通过仿真验证，并在单片机实训设备上再次验证。

评价与分析

通过本次学习活动，掌握 16×16 点阵的显示原理，能够正确进行编程并仿真，开展自评和教师评价，填写表 12-3。

表 12-3　活动过程评价表

班　级		姓　名		学　号		日　期	
序　号	评价要点			配分/分	自　评	教师评价	总　评
1	能够正确理解 16×16 点阵的显示原理			10			
2	掌握 74HC138 译码器的逻辑功能			10			
3	掌握汉字的取模方法			10			
4	掌握 Proteus 关闭电平指示的方法			10			A
5	理解点阵显示时消除余晖的方法			10			B
6	掌握取模软件的使用方法			10			C
7	能够正确写出 16×16 点阵显示程序			10			D
8	能够完成整个程序的编写			10			
9	能够完成程序的仿真			10			
10	能够与同组成员共同完成任务			10			
小结与建议		合　计		100			

注：总评档次分配包括 0～59 分（D 档）；60～74 分（C 档）；75～84 分（B 档）；85～100 分（A 档）。
根据合计的得分，在相应的档次上打钩。

学习活动三　16×32 点阵的应用

学习目标

1. 掌握 16×32 点阵的显示原理。
2. 正确进行编程并仿真。

建议学时

2 学时

学习准备

使用 Keil μVision4 开发软件和 Proteus7.8 仿真软件进行学习。

学习过程

在本次学习活动中，主要任务是运用 16×32 点阵显示模块显示 8×16 字体。

一、电路图

八点阵驱动电路图如图 12-13 所示。

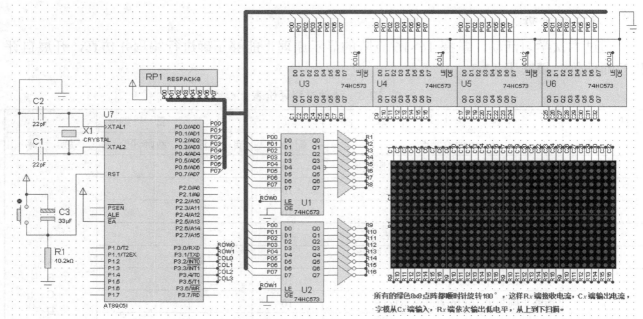

图 12-13　八点阵驱动电路图

在图 12-13 中，将 5 片 74HC573 作为缓冲芯片，在行扫描电路中加上 74HC04 作为反相器件。所有的绿色 8×8 点阵全部顺时针旋转 180°。字模数据从 Cx 端输入，行扫描信号从 Rx 端输入。P0 口既送出字模数据，也送出行扫描数据。P3 口送出 74HC573 的锁存信号。

二、8×16 字符的特点

8×16 字符的点阵图如图 12-14 所示。

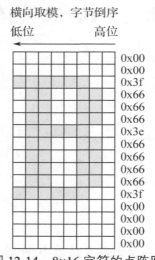

图 12-14　8×16 字符的点阵图

根据图 12-14 可以得到"B"字的字模是：

0x00,0x00,0x3F,0x66,0x66,0x66,0x3E,0x66,0x66,0x66,0x66,0x3F,0x00,0x00,0x00,0x00

三、字符显示原理

根据电路图的布置，在显示时，16×32 点阵可以显示 4 个 8×16 字符。扫描方法如下。
① 送出第一个字符的第一行字模数据到 U3。

② 依次送出第二个、第三个、第四个字符的第一行字模数据到 U4、U5、U6。

③ 送出行扫描的第一行数据，即 row=0x01，注意 row 是无符号整型数，它是 16 位的数据。row=0x01，经过取余、取商分解出高、低 8 位后，将其分别送到 U1、U2。这样就可以实现 4 个字符的第一行字模的显示，接着延时一小段时间，让第一行 LED 充分发光。

④ 输出消隐信号，使所有 LED 都熄灭。

⑤ 使用同样的方法送出 4 个字符的第二行字模数据与行扫描的第二行数据。

⑥ 以此类推，一直到第十六行字模数据与行扫描数据输出完毕，一次完整的扫描显示结束。不断循环本次的完整扫描，即可稳定显示 4 个 8×16 的字符。

四、参考程序

参考程序如下。

```c
#include "reg51.h"
#include "intrins.h"
#define uchar unsigned char
#define  uint unsigned int
sbit row0=P3^0;sbit row1=P3^1;sbit col0=P3^2;        //锁存信号定义
sbit col1=P3^3;sbit col2=P3^4;sbit col3=P3^5;
uchar code zm[][16] =                                //字模数组，一个 8×16 字符占 1 行
{//zimo221 取模工具，取模方式：横向取模，字节倒序
0x00,0x00,0x00,0x00,0x00,0x00,0x00,0x00,0x00,0x00,0x00,0x00,0x00,0x00,0x00,0x00,    // - -
0x00,0x00,0x18,0x3C,0x3C,0x3C,0x18,0x18,0x18,0x00,0x18,0x18,0x00,0x00,0x00,0x00,    // -!-
0x00,0x66,0x66,0x66,0x24,0x00,0x00,0x00,0x00,0x00,0x00,0x00,0x00,0x00,0x00,0x00,    // -"-
0x00,0x00,0x00,0x36,0x36,0x7F,0x36,0x36,0x36,0x7F,0x36,0x36,0x00,0x00,0x00,0x00,    // -#-
0x18,0x18,0x3E,0x63,0x43,0x03,0x3E,0x60,0x61,0x63,0x3E,0x18,0x18,0x00,0x00,0x00,    // -$-
0x00,0x00,0x00,0x00,0x43,0x63,0x30,0x18,0x0C,0x06,0x63,0x61,0x00,0x00,0x00,0x00,    // -%-
0x00,0x00,0x1C,0x36,0x36,0x1C,0x6E,0x3B,0x33,0x33,0x33,0x6E,0x00,0x00,0x00,0x00,    // -&-
0x00,0x0C,0x0C,0x0C,0x06,0x00,0x00,0x00,0x00,0x00,0x00,0x00,0x00,0x00,0x00,0x00,    // -'-
0x00,0x00,0x30,0x18,0x0C,0x0C,0x0C,0x0C,0x0C,0x0C,0x18,0x30,0x00,0x00,0x00,0x00,    // -(-
0x00,0x00,0x0C,0x18,0x30,0x30,0x30,0x30,0x30,0x30,0x18,0x0C,0x00,0x00,0x00,0x00,    // -)-
0x00,0x00,0x00,0x00,0x00,0x66,0x3C,0xFF,0x3C,0x66,0x00,0x00,0x00,0x00,0x00,0x00,    // -*-
0x00,0x00,0x00,0x00,0x00,0x18,0x18,0x7E,0x18,0x18,0x00,0x00,0x00,0x00,0x00,0x00,    // -+-
0x00,0x00,0x00,0x00,0x00,0x00,0x00,0x00,0x00,0x18,0x18,0x18,0x0C,0x00,0x00,0x00,    // -,-
0x00,0x00,0x00,0x00,0x00,0x00,0x00,0x7F,0x00,0x00,0x00,0x00,0x00,0x00,0x00,0x00,    // ---
0x00,0x00,0x00,0x00,0x00,0x00,0x00,0x00,0x00,0x00,0x18,0x18,0x00,0x00,0x00,0x00,    // -.-
0x00,0x00,0x00,0x00,0x40,0x60,0x30,0x18,0x0C,0x06,0x03,0x01,0x00,0x00,0x00,0x00,    // -/-
0x00,0x00,0x3E,0x63,0x63,0x73,0x6B,0x6B,0x67,0x63,0x63,0x3E,0x00,0x00,0x00,0x00,    // -0-
0x00,0x00,0x18,0x1C,0x1E,0x18,0x18,0x18,0x18,0x18,0x18,0x7E,0x00,0x00,0x00,0x00,    // -1-
0x00,0x00,0x3E,0x63,0x60,0x30,0x18,0x0C,0x06,0x03,0x63,0x7F,0x00,0x00,0x00,0x00,    // -2-
0x00,0x00,0x3E,0x63,0x60,0x60,0x3C,0x60,0x60,0x60,0x63,0x3E,0x00,0x00,0x00,0x00,    // -3-
0x00,0x00,0x30,0x38,0x3C,0x36,0x33,0x7F,0x30,0x30,0x30,0x78,0x00,0x00,0x00,0x00,    // -4-
0x00,0x00,0x7F,0x03,0x03,0x03,0x3F,0x70,0x60,0x60,0x63,0x3E,0x00,0x00,0x00,0x00,    // -5-
0x00,0x00,0x1C,0x06,0x03,0x03,0x3F,0x63,0x63,0x63,0x63,0x3E,0x00,0x00,0x00,0x00,    // -6-
0x00,0x00,0x7F,0x63,0x60,0x60,0x30,0x18,0x0C,0x0C,0x0C,0x0C,0x00,0x00,0x00,0x00,    // -7-
0x00,0x00,0x3E,0x63,0x63,0x63,0x3E,0x63,0x63,0x63,0x63,0x3E,0x00,0x00,0x00,0x00,    // -8-
```

```
0x00,0x00,0x3E,0x63,0x63,0x63,0x7E,0x60,0x60,0x60,0x30,0x1E,0x00,0x00,0x00,0x00,    // -9-
0x00,0x00,0x00,0x00,0x18,0x18,0x00,0x00,0x00,0x18,0x18,0x00,0x00,0x00,0x00,0x00,    // -:-
0x00,0x00,0x00,0x00,0x18,0x18,0x00,0x00,0x00,0x18,0x18,0x0C,0x00,0x00,0x00,0x00,    // -;-
0x00,0x00,0x00,0x00,0x60,0x30,0x18,0x0C,0x06,0x0C,0x18,0x30,0x60,0x00,0x00,0x00,0x00,    // -<-
0x00,0x00,0x00,0x00,0x00,0x00,0x7F,0x00,0x00,0x7F,0x00,0x00,0x00,0x00,0x00,0x00,    // -=-
0x00,0x00,0x00,0x06,0x0C,0x18,0x30,0x60,0x30,0x18,0x0C,0x06,0x00,0x00,0x00,0x00,    // ->-
0x00,0x00,0x3E,0x63,0x63,0x30,0x18,0x18,0x18,0x00,0x18,0x18,0x00,0x00,0x00,0x00,    // -?-
0x00,0x00,0x00,0x3E,0x63,0x63,0x7B,0x7B,0x7B,0x3B,0x03,0x3E,0x00,0x00,0x00,0x00,    // -@-
0x00,0x00,0x08,0x1C,0x36,0x63,0x63,0x7F,0x63,0x63,0x63,0x63,0x00,0x00,0x00,0x00,    // -A-
0x00,0x00,0x3F,0x66,0x66,0x66,0x3E,0x66,0x66,0x66,0x66,0x3F,0x00,0x00,0x00,0x00,    // -B-
0x00,0x00,0x3C,0x66,0x43,0x03,0x03,0x03,0x03,0x43,0x66,0x3C,0x00,0x00,0x00,0x00,    // -C-
0x00,0x00,0x1F,0x36,0x66,0x66,0x66,0x66,0x66,0x66,0x36,0x1F,0x00,0x00,0x00,0x00,    // -D-
0x00,0x00,0x7F,0x66,0x46,0x16,0x1E,0x16,0x06,0x46,0x66,0x7F,0x00,0x00,0x00,0x00,    // -E-
0x00,0x00,0x7F,0x66,0x46,0x16,0x1E,0x16,0x06,0x06,0x06,0x0F,0x00,0x00,0x00,0x00,    // -F-
0x00,0x00,0x3C,0x66,0x43,0x03,0x03,0x7B,0x63,0x63,0x66,0x5C,0x00,0x00,0x00,0x00,    // -G-
0x00,0x00,0x63,0x63,0x63,0x63,0x7F,0x63,0x63,0x63,0x63,0x63,0x00,0x00,0x00,0x00,    // -H-
0x00,0x00,0x3C,0x18,0x18,0x18,0x18,0x18,0x18,0x18,0x18,0x3C,0x00,0x00,0x00,0x00,    // -I-
0x00,0x00,0x78,0x30,0x30,0x30,0x30,0x30,0x33,0x33,0x33,0x1E,0x00,0x00,0x00,0x00,    // -J-
0x00,0x00,0x67,0x66,0x36,0x36,0x1E,0x1E,0x36,0x66,0x66,0x67,0x00,0x00,0x00,0x00,    // -K-
0x00,0x00,0x0F,0x06,0x06,0x06,0x06,0x06,0x06,0x46,0x66,0x7F,0x00,0x00,0x00,0x00,    // -L-
0x00,0x00,0x63,0x77,0x7F,0x7F,0x6B,0x63,0x63,0x63,0x63,0x63,0x00,0x00,0x00,0x00,    // -M-
0x00,0x00,0x63,0x67,0x6F,0x7F,0x7B,0x73,0x63,0x63,0x63,0x63,0x00,0x00,0x00,0x00,    // -N-
0x00,0x00,0x1C,0x36,0x63,0x63,0x63,0x63,0x63,0x63,0x36,0x1C,0x00,0x00,0x00,0x00,    // -O-
0x00,0x00,0x3F,0x66,0x66,0x66,0x3E,0x06,0x06,0x06,0x06,0x0F,0x00,0x00,0x00,0x00,    // -P-
0x00,0x00,0x3E,0x63,0x63,0x63,0x63,0x63,0x63,0x6B,0x7B,0x3E,0x30,0x70,0x00,0x00,    // -Q-
0x00,0x00,0x3F,0x66,0x66,0x66,0x3E,0x36,0x66,0x66,0x66,0x67,0x00,0x00,0x00,0x00,    // -R-
0x00,0x00,0x3E,0x63,0x63,0x06,0x1C,0x30,0x60,0x63,0x63,0x3E,0x00,0x00,0x00,0x00,    // -S-
0x00,0x00,0x7E,0x7E,0x5A,0x18,0x18,0x18,0x18,0x18,0x18,0x3C,0x00,0x00,0x00,0x00,    // -T-
0x00,0x00,0x63,0x63,0x63,0x63,0x63,0x63,0x63,0x63,0x63,0x3E,0x00,0x00,0x00,0x00,    // -U-
0x00,0x00,0x63,0x63,0x63,0x63,0x63,0x63,0x63,0x36,0x1C,0x08,0x00,0x00,0x00,0x00,    // -V-
0x00,0x00,0x63,0x63,0x63,0x63,0x63,0x6B,0x6B,0x7F,0x36,0x36,0x00,0x00,0x00,0x00,    // -W-
0x00,0x00,0x63,0x63,0x36,0x36,0x1C,0x1C,0x36,0x36,0x63,0x63,0x00,0x00,0x00,0x00,    // -X-
0x00,0x00,0x66,0x66,0x66,0x66,0x3C,0x18,0x18,0x18,0x18,0x3C,0x00,0x00,0x00,0x00,    // -Y-
0x00,0x00,0x7F,0x63,0x61,0x30,0x18,0x0C,0x06,0x43,0x63,0x7F,0x00,0x00,0x00,0x00,    // -Z-
0x00,0x00,0x3C,0x0C,0x0C,0x0C,0x0C,0x0C,0x0C,0x0C,0x0C,0x3C,0x00,0x00,0x00,0x00,    // -[-
0x00,0x00,0x00,0x01,0x03,0x07,0x0E,0x1C,0x38,0x70,0x60,0x40,0x00,0x00,0x00,0x00,    // -\-
0x00,0x00,0x3C,0x30,0x30,0x30,0x30,0x30,0x30,0x30,0x30,0x3C,0x00,0x00,0x00,0x00,    // -]-
0x08,0x1C,0x36,0x63,0x00,0x00,0x00,0x00,0x00,0x00,0x00,0x00,0x00,0x00,0x00,0x00,    // -^-
0x00,0x00,0x00,0x00,0x00,0x00,0x00,0x00,0x00,0x00,0x00,0x00,0xFF,0x00,0x00,    // -_-
0x0C,0x0C,0x18,0x00,0x00,0x00,0x00,0x00,0x00,0x00,0x00,0x00,0x00,0x00,0x00,0x00,    // -`-
0x00,0x00,0x00,0x00,0x00,0x1E,0x30,0x3E,0x33,0x33,0x33,0x6E,0x00,0x00,0x00,0x00,    // -a-
0x00,0x00,0x07,0x06,0x06,0x1E,0x36,0x66,0x66,0x66,0x66,0x3B,0x00,0x00,0x00,0x00,    // -b-
0x00,0x00,0x00,0x00,0x00,0x3E,0x63,0x03,0x03,0x03,0x63,0x3E,0x00,0x00,0x00,0x00,    // -c-
0x00,0x00,0x38,0x30,0x30,0x3C,0x36,0x33,0x33,0x33,0x33,0x6E,0x00,0x00,0x00,0x00,    // -d-
0x00,0x00,0x00,0x00,0x00,0x3E,0x63,0x7F,0x03,0x03,0x63,0x3E,0x00,0x00,0x00,0x00,    // -e-
0x00,0x00,0x1C,0x36,0x26,0x06,0x0F,0x06,0x06,0x06,0x06,0x0F,0x00,0x00,0x00,0x00,    // -f-
0x00,0x00,0x00,0x00,0x00,0x6E,0x33,0x33,0x33,0x33,0x33,0x3E,0x30,0x33,0x1E,0x00,    // -g-
0x00,0x00,0x07,0x06,0x06,0x36,0x6E,0x66,0x66,0x66,0x66,0x67,0x00,0x00,0x00,0x00,    // -h-
```

```
0x00,0x00,0x18,0x18,0x00,0x1C,0x18,0x18,0x18,0x18,0x18,0x3C,0x00,0x00,0x00,0x00,   // -i-
0x00,0x00,0x60,0x60,0x00,0x70,0x60,0x60,0x60,0x60,0x60,0x60,0x66,0x66,0x3C,0x00,   // -j-
0x00,0x00,0x07,0x06,0x06,0x66,0x36,0x1E,0x1E,0x36,0x66,0x67,0x00,0x00,0x00,0x00,   // -k-
0x00,0x00,0x1C,0x18,0x18,0x18,0x18,0x18,0x18,0x18,0x18,0x3C,0x00,0x00,0x00,0x00,   // -l-
0x00,0x00,0x00,0x00,0x00,0x37,0x7F,0x6B,0x6B,0x6B,0x6B,0x6B,0x00,0x00,0x00,0x00,   // -m-
0x00,0x00,0x00,0x00,0x00,0x3B,0x66,0x66,0x66,0x66,0x66,0x66,0x00,0x00,0x00,0x00,   // -n-
0x00,0x00,0x00,0x00,0x00,0x3E,0x63,0x63,0x63,0x63,0x63,0x3E,0x00,0x00,0x00,0x00,   // -o-
0x00,0x00,0x00,0x00,0x00,0x3B,0x66,0x66,0x66,0x66,0x66,0x3E,0x06,0x06,0x0F,0x00,   // -p-
0x00,0x00,0x00,0x00,0x00,0x6E,0x33,0x33,0x33,0x33,0x33,0x3E,0x30,0x30,0x78,0x00,   // -q-
0x00,0x00,0x00,0x00,0x00,0x3B,0x6E,0x46,0x06,0x06,0x06,0x0F,0x00,0x00,0x00,0x00,   // -r-
0x00,0x00,0x00,0x00,0x00,0x3E,0x63,0x06,0x1C,0x30,0x63,0x3E,0x00,0x00,0x00,0x00,   // -s-
0x00,0x00,0x08,0x0C,0x0C,0x3F,0x0C,0x0C,0x0C,0x0C,0x6C,0x38,0x00,0x00,0x00,0x00,   // -t-
0x00,0x00,0x00,0x00,0x00,0x33,0x33,0x33,0x33,0x33,0x33,0x6E,0x00,0x00,0x00,0x00,   // -u-
0x00,0x00,0x00,0x00,0x00,0x66,0x66,0x66,0x66,0x66,0x3C,0x18,0x00,0x00,0x00,0x00,   // -v-
0x00,0x00,0x00,0x00,0x00,0x63,0x63,0x63,0x6B,0x6B,0x7F,0x36,0x00,0x00,0x00,0x00,   // -w-
0x00,0x00,0x00,0x00,0x00,0x63,0x36,0x1C,0x1C,0x1C,0x36,0x63,0x00,0x00,0x00,0x00,   // -x-
0x00,0x00,0x00,0x00,0x00,0x63,0x63,0x63,0x63,0x63,0x63,0x7E,0x60,0x30,0x1F,0x00,   // -y-
0x00,0x00,0x00,0x00,0x00,0x7F,0x33,0x18,0x0C,0x06,0x63,0x7F,0x00,0x00,0x00,0x00,   // -z-
0x00,0x00,0x70,0x18,0x18,0x18,0x0E,0x18,0x18,0x18,0x18,0x70,0x00,0x00,0x00,0x00,   // -{-
0x00,0x00,0x18,0x18,0x18,0x18,0x00,0x18,0x18,0x18,0x18,0x18,0x00,0x00,0x00,0x00,   // -|-
0x00,0x00,0x0E,0x18,0x18,0x18,0x70,0x18,0x18,0x18,0x18,0x0E,0x00,0x00,0x00,0x00,   // -}-
0x00,0x00,0x6E,0x3B,0x00,0x00,0x00,0x00,0x00,0x00,0x00,0x00,0x00,0x00,0x00,0x00,   // -~-
0x00,0x00,0x00,0x00,0x08,0x1C,0x36,0x63,0x63,0x63,0x7F,0x00,0x00,0x00,0x00,0x00,   // - -
};
```

```
uchar buf[4]={'B','t','5','7'};            //ASCII 码缓存
void delay(uint i){while(--i);}            //延时函数
void disp3216()
{
    uchar i;
    uint row=0x01;
    for(i=0;i<16;i++)
    {
        P0=zm[buf[0]-32][i];    col0=1;col0=0;   //依次送出 buf[4]中 4 个字符的列信号
        P0=zm[buf[1]-32][i];    col1=1;col1=0;
        P0=zm[buf[2]-32][i];    col2=1;col2=0;
        P0=zm[buf[3]-32][i];    col3=1;col3=0;
        P0=row%256; row0=1;row0=0;   /*1～8 行依次输出高电平，经过 74HC04 取反后，
                                        依次输出低电平*/

        P0=row/256;  row1=1;row1=0;   /*9～16 行依次输出高电平，经过 74HC04 取反后，
                                        依次输出低电平*/

        delay(50);
        row=_irol_(row,1);            //左移一位
        P0=0;                         //消隐，所有端口输出 0，所有 8×8 点阵模块都不显示
        row0=row1=col0=col1=col2=col3=1;
        row0=row1=col0=col1=col2=col3=0;
    }
}
```

```
void main()
{
    while(1)
        disp3216();
}
```

同学们可以上机练习，并仿真实现功能。上面的程序中列出了 ASCII 码表的字模，大家可以自由设定数组 buf[4]的初值，看看能显示什么。

五、思考

1．在扫描显示程序 P0=zm[buf[0]-32][i];语句中，buf[0]为什么减去 32？
2．如何实现 4 个字符的滚动显示？

  评价与分析

通过本次学习活动，掌握 16×32 点阵的显示原理，能够正确进行编程并仿真，开展自评和教师评价，填写表 12-4。

表 12-4　活动过程评价表

班　　级		姓　　名		学　　号			日　　期	
序　　号	评价要点			配分/分	自　　评	教师评价	总　　评	
1	能够正确理解字符取模的原理			10				
2	能够理解字符显示的扫描原理			10				
3	进一步掌握点阵的驱动方法			10				
4	掌握 ASCII 码字模显示原理			10				
5	掌握左移、右移库函数的使用方法			10			A	
6	能够完成思考题			10			B	
7	能够正确写出 16×32 点阵的显示程序			10			C	
8	能够完成整个程序的编写			10			D	
9	能够完成程序的仿真			10				
10	能够与同组成员共同完成任务			10				
小结与建议			合计	100				

注：总评档次分配包括 0～59 分（D 档）；60～74 分（C 档）；75～84 分（B 档）；85～100 分（A 档）。
根据合计的得分，在相应的档次上打钩。

任务十三 51单片机的中断系统

 任务目标

1. 掌握 51 单片机的中断的分类。
2. 掌握 51 单片机的中断设置方法。
3. 能够应用单片机的中断系统。

 任务内容

单片机的 CPU 在处理事件时，是顺序执行的，即每时每刻只能处理其中一个事件，不能并行处理多个事件。当 CPU 在处理某个事件但未完成时，突然又发生了其他事件，CPU 该如何处理呢？如果是不紧急的事件，那么可以等待当前事件处理完毕后再去处理其他事件；如果是紧急的事件，那么该怎么办呢？在此引入中断的概念。

一、中断的概念

中断是指单片机的 CPU 在处理某个事件 A 时，发生了另一个事件 B，请求 CPU 迅速处理（中断发生），CPU 暂时停止当前的工作（中断响应），转去处理事件 B（中断服务），等待 CPU 将事件 B 处理完毕后，再回到原来事件 A 被中断的地方继续处理事件 A（中断返回），这个过程被称为中断。在中断系统中，通常将 CPU 正常情况下运行的程序称为主程序，将引起中断的设备或事件称为中断源。

二、中断系统的结构

如表 13-1 所示，51 单片机有 5 个中断源，即能够发起中断的事件。

表 13-1　51 单片机的中断源

序　号	中　断　源		说　　　明
1	IE0	外部中断 0 请求	由引脚 P3.2 输入，通过 IT0 位（TCON.0）来决定低电平有效还是下降沿有效。一旦输入信号有效，即向 CPU 申请中断，并建立 IE0（TCON.1）中断标志。任务九中采用下降沿有效，由按键产生下降沿
2	IE1	外部中断 1 请求	由引脚 P3.3 输入，通过 IT1 位（TCON.2）来决定是低电平有效还是下降沿有效。一旦输入信号有效，即向 CPU 申请中断，并建立 IE1（TCON.3）中断标志
3	TF0	T0 溢出中断请求	当 T0 产生溢出时，T0 溢出中断标志位 TF0（TCON.5）置位（由硬件自动执行），请求中断处理
4	TF1	T1 溢出中断请求	当 T1 产生溢出时，T1 溢出中断标志位 TF1（TCON.7）置位（由硬件自动执行），请求中断处理
5	RI 或 TI	串行口中断请求	当接收或发送完一个串行帧时，内部串行口中断请求标志位 RI（SCON.0）或 TI（SCON.1）置位（由硬件自动执行），请求中断

51 单片机有 3 类中断。

（1）2 个外部中断：$\overline{\text{INT0}}$ 和 $\overline{\text{INT1}}$（由引脚 P3.2 和引脚 P3.3 引入）。

（2）2 个定时/计数中断：T0 和 T1。

（3）1 个串行中断。

外部中断是由外部信号引起的，可以用于外部控制或外部信号检测等。

定时中断是为满足定时或计数的需要而设置的。

串行中断是为通信而设置的。

三、中断控制相关寄存器及控制通道

在51单片机中，有4个寄存器用于对中断进行控制，如图13-1所示。

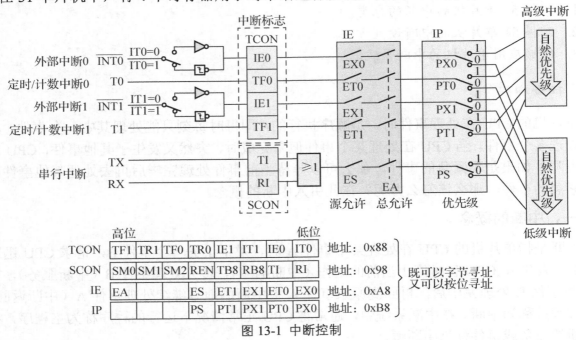

图 13-1 中断控制

在图13-1中，每个通道除了中断标志不需要设置，其他的都需要进行设置，比如：外部中断0，触发外部中断有两种方式，一种是低电平触发，另一种是下降沿触发，由此要选择触发方式，就要设置IT0，IT0=0是低电平触发，IT0=1是下降沿触发。还要设置是否允许中断，即开中断EX0=1、EA=1。另外，还要考虑优先级，51单片机的中断源有两个优先级，优先级不是必须设置的，如果中断只有一两个打开，那么可以使用自然优先级，无须设置，只要满足设计要求即可。

四、中断的响应与撤除

中断是如何响应与撤除的呢？当我们允许了某个中断后，单片机一直在运行主程序，直到该中断事件发生，中断事件发生的标志就是中断的标志位置位，此时单片机CPU就会停止主程序的运行并跳去执行中断服务程序，此时外部中断与定时中断的中断标志位会自动清除，只有串行中断标志位需要在中断服务程序中清除，当中断服务程序执行完毕后，又跳回到主程序停止的地方接着往下运行。

在这个过程中，要注意以下几点。

（1）中断标志位必须置位，才能运行中断服务程序。

（2）中断服务程序是独立于主程序的一段语句，它能够实现某些功能。

（3）进入中断服务程序后，必须清除中断标志位，否则中断服务程序运行结束回到主程序又会响应中断。在清除中断标志位时，有硬件自动清除与软件清除两种方式。外部中断与定时中断都采用硬件自动清除的方式，无须关心，只有串口中断才需要软件清除，即通过

RI=0；TI=0；两条语句即可清除中断标志位。

（4）外部中断的触发方式有两种：低电平触发与下降沿触发。当将外部中断设置为低电平触发时，注意引发中断后要及时把低电平强制转为高电平，否则又会进行中断。当将外部中断设置为下降沿触发时，因为除下降沿只是某个瞬间电平由高变为低的这个过程会触发中断外，其他的如高电平、低电平、上升沿都不会触发中断，而下降沿的信号过后就消失了，所以下降沿触发中断，中断请求信号是自动撤除的。

五、中断服务程序（函数）的编写

该函数定义语法如下。

```
函数类型　函数名(形式参数表)interrupt　n　[using n]
{函数体}
```

其中，函数类型、形式参数表都写为 void，英文 interrupt 即"打断、中断"的意思，后面的 n 代表的是中断号。中断号是固定的，0 代表外部中断 0，1 代表定时/计数中断 0，2 代表外部中断 1，3 代表定时/计数中断 1，4 代表串行中断。[using n]是可选项，一般不写就行。这里主要是选择工作寄存器，在实际应用中，不写 using n，由系统自动分配工作寄存器。

函数名则根据标识符起名原则命名。根据以上说明，中断服务程序模板如下。

（1）外部中断 0。

```
void INT0_ISR(void) interrupt 0
{}
```

（2）定时/计数中断 0。

```
void T0_ISR(void) interrupt 1
{}
```

（3）外部中断 1。

```
void INT1_ISR(void) interrupt 2
{}
```

（4）定时/计数中断 1。

```
void T1_ISR(void) interrupt 3
{}
```

（5）串行中断。

```
void Serial(void) interrupt 4
{}
```

我们只需要在花括号中写入中断服务程序需要完成的功能语句即可。

 学习流程与活动

步　骤	学习内容与活动	建议学时
1	外部中断的定时设置与应用	2
2	定时器的设置与应用	2
3	设置计数器	2

学习活动一　外部中断的定时设置与应用

学习目标

1. 能够正确设置外部中断以实现中断功能。
2. 能够应用外部中断。

建议学时

2 学时

学习准备

使用 Keil μVision4 开发软件和 Proteus7.8 仿真软件进行学习。

学习过程

一、实例操作

P3.2（$\overline{INT0}$）上接有一个开关 K，用 K 来模拟"外部中断 0"的触发信号，并用 P1 口外接 LED 作为中断响应，要求将外部中断 0 使用下降沿触发方式。程序启动后，P1 上的 8 个 LED 被点亮，按下 K 时，引发一次外部中断，使左右 4 个 LED 交替闪烁。

中断控制流水灯电路图如图 13-2 所示。

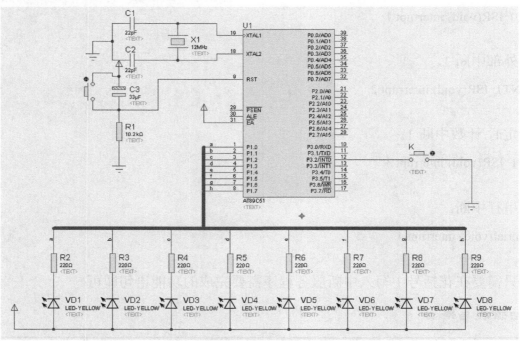

图 13-2　中断控制流水灯电路图

【分析】若要响应外部中断 0，则必先打开中断，所以，EA=1；开总中断，EX0=1；开外部中断 0，IT0=1；设置外部中断为边沿触发方式。这些都需要在主程序中设置。若 P1 上的 8

个 LED 亮，则 P1=0 即可。

中断服务函数怎么写呢？使用模板来写。因为要使 LED 闪烁，就要有延时函数，所以要写一个延时函数。延时函数程序如下。

```
void   INT0_ISR(void)   interrupt   0
{
    EX0=0;              //禁止外部中断 0，防止在执行外部中断服务函数时再次发生中断
    P1=0x0f;           //使 P1 外接 LED，亮 4 灭 4
    delay(1000);       //延时一段时间，不延时的话执行太快了，人眼看不到
    P1=0xf0;           //交替点亮 LED
    delay(1000);       //延时一段时间
    EX0=1;             //打开外部中断 0
}
```

整个参考程序如下。

```
#include<reg51.h>
//延时函数
void delay(unsigned int i)
{
    unsigned int j;
    while(i--)
        for(j=0;j<125;j++)
            ;
}
//主函数
void main(void)
{
    EA=1;              //打开总中断
    EX0=1;             //打开外部中断 0
    IT0=1;             //设置外部中断 0 为下降沿触发方式
    while(1)
    {
        P1=0;          //LED 全亮
    }
}
//中断服务函数
void INT0_ISR(void) interrupt 0
{
    EX0=0;
    P1=0x0f;           //使 P1 外接 LED，亮 4 灭 4
    delay(1000);       //延时一段时间，不延时的话执行太快了，人眼看不到
    P1=0xf0;           //交替点亮 LED
    delay(1000);       //延时一段时间
    EX0=1;             //打开外部中断 0
}
```

请同学们通过仿真验证，并在单片机实训设备上再次验证。

二、思考

如果将中断改到外部中断1，那么应该如何设置呢？请写在下面的方框中。

✎ **评价与分析**

通过本次学习活动，能够掌握 51 单片机的中断的分类，能够掌握 51 单片机的中断设置方法，能够应用单片机的中断系统，能够正确设置外部中断以实现中断功能，能够应用外部中断，开展自评和教师评价，填写表 13-2。

表 13-2 活动过程评价表

班　级		姓　名	学　号			日　期	
序　号	评价要点			配分/分	自　评	教师评价	总　评
1	能够正确打开外部中断			10			
2	能够正确写出中断服务函数			10			
3	能够掌握外部中断的触发方式			10			
4	能够掌握外部中断对应的引脚			10			
5	懂得避免重复进行外部中断的方法			10			A
6	能够掌握各个中断服务函数的模板			10			B
7	能够完成整个程序的编写			10			C
8	能够完成程序的仿真			10			D
9	能够完成思考题内容			10			
10	能够与同组成员共同完成任务			10			
小结与建议			合计	100			

注：总评档次分配包括 0～59 分（D 档）；60～74 分（C 档）；75～84 分（B 档）；85～100 分（A 档）。
根据合计的得分，在相应的档次上打钩。

学习活动二　定时器的设置与应用

 学习目标

1. 能够正确设置定时器的工作方式。
2. 学会计算定时器精确定时初值。

 建议学时

2 学时

学习准备

使用 Keil μVision4 开发软件和 Proteus7.8 仿真软件进行学习。

学习过程

一、定时器/计数器的介绍

51单片机有两个16位定时器/计数器（T0和T1）。定时器/计数器的内部结构图如图 13-3 所示。

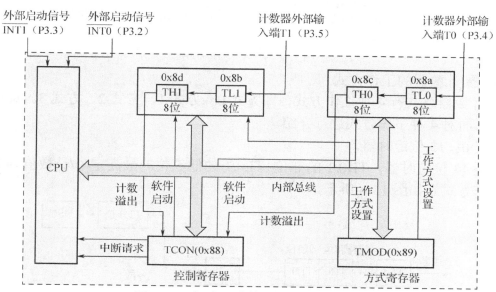

图 13-3　定时器/计数器的内部结构图

此处有两个相关设置的寄存器：TCON 和 TMOD，前面已经介绍过 TCON，接下来会介绍 TMOD。

这两个定时器/计数器的内部结构是一样的，设置的方式也相似。定时器/计数器如何进行定时或计数呢？定时功能：对单片机内部的时钟脉冲进行计数，计数到一定数值则定时时间到，每个时钟脉冲的时间间隔是稳定的、一致的。例如，1个时钟脉冲的时间间隔为1μs，若定时为1ms，则只需要计数1000个时钟脉冲即可达到1ms的定时。计数功能：对单片机外部输入的脉冲进行计数。输入一个脉冲计数1次，直到计数溢出。定时器功能图如图 13-4 所示。

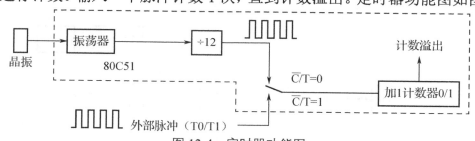

图 13-4　定时器功能图

二、定时器/计数器的设置

1. 寄存器 TMOD 的介绍

TMOD 用来确定两个定时器的工作方式，地址为0x89，不能被8整除，不可以位寻址，低 4 位用于 T0，高 4 位用于 T1。设置时，只能以字节的方式寻址。定时器的设置如图 13-5 所示。

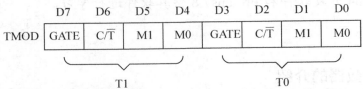

GATE：是否受外部信号控制，当 GATE=1，定时器/计数器除了受 TR0/1 控制，还受引脚 P3.2 或引脚 P3.3 控制。

C/$\overline{T}$：定时/计数选择位，等于 0 时为定时，等于 1 时为计数。

M1　M0：工作方式选择位。00 代表方式 0，01 代表方式 1，10 代表方式 2，11 代表方式 3

图 13-5　定时器的设置

2．定时器/计数器的工作方式

定时器/计数器总共有 4 种工作方式，即方式 0、方式 1、方式 2、方式 3。每种工作方式都不一样，下面对 4 种工作方式进行介绍。

（1）方式 0：13 位定时器。

该方式是 13 位定时器，TH0/1 的 8 位+TL0/1 的低 5 位。最高定时/计数值为 2^{13}=8192。定时器的工作方式 0 如图 13-6 所示。

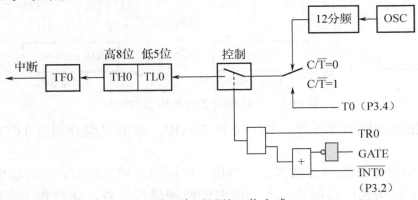

图 13-6　定时器的工作方式 0

（2）方式 1：16 位定时器。

该方式是 16 位定时器，TH0/1 的 8 位+TL0/1 的 8 位。最高定时/计数值为 2^{16}=65536，定时器的工作方式 1 如图 13-7 所示。

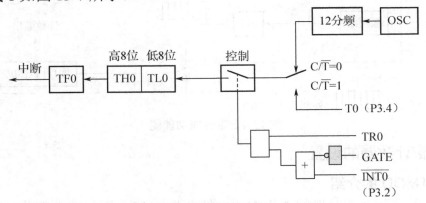

图 13-7　定时器的工作方式 1

　　这两种方式的差别仅仅是最大定时/计数值有差别，其他都一样，方式 1 的定时/计数更方便设置，方式 0 能够实现的计数与定时，方式 1 都可以实现，由此方式 0 很少用。后续都会使用方式 1 进行定时或计数。

　　（3）方式 2：8 位自动重装定时器/计数器。

　　TH0/1 用于装重装值，TL0/1 用于定时/计数。定时/计数最大值：$2^8=256$。必须将 TH0/1 与 TL0/1 赋相同的值。定时器的工作方式 2 如图 13-8 所示。

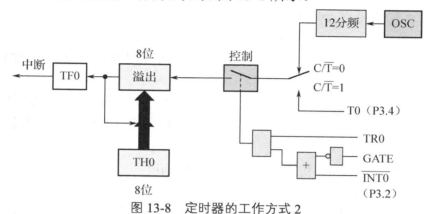

图 13-8　定时器的工作方式 2

　　（4）方式 3：只适用于定时器 0，不适用于定时器 1，T0 被拆成两个独立的 8 位定时器。该方式的设置方法较复杂，很少使用，这里不做介绍，感兴趣的同学可以查阅相关资料。

3．如何设置定时器/计数器

（1）工作方式设置。

【例 1】T0 定时器/计数器工作方式 0，定时模式，不受外部信号控制。

```
TMOD=0x00;    //设置低 4 位，高 4 位不用设置，默认为 0，GATE=0，C/T=0，M1M0=00
```

【例 2】T0 定时器/计数器工作方式 1，定时模式，受外部信号控制。

```
TMOD=0x09;    //设置低 4 位，高 4 位不用设置，默认为 0，GATE=1，C/T=0，M1M0=01
```

　　此时，定时器要实现定时，除了设置 TR0=1，还要等到引脚 P3.2 有高电平才可以。当引脚 P3.2 为低电平时，立即停止定时。

　　（2）定时器/计数器初值设置。

　　定时器/计数器的内部计数器是向上加 1 计数的，当将定时器/计数器设置为方式 0 时，计数达到 8192 即溢出；当将定时器/计数器设置为方式 1 时，计数达到 65536 即溢出；当将定时器/计数器设置为方式 2 时，计数达到 256 即溢出。计数溢出后，若打开中断，则会引起中断响应，即 8192、65536、256 为不同工作方式的计数终点。定时器/计数器有 1 个设定初值的 16 位计数寄存器，它分为高 8 位与低 8 位，即 TH0/1 和 TL0/1，这个 16 位的寄存器的内容需要根据实际要求进行设置，设置的数值在 0～8191（方式 0）、0～65535（方式 1）或 0～255（方式 2）之间。设置的数值越大，计数的时间越短。

　　如何设定初值呢？

　　定时时间的计算公式如下。

　　定时时间=（工作方式计数溢出值-初值）×机器周期

　　机器周期=12×时钟周期

时钟周期=1/晶振频率

其中，"工作方式计数溢出值"对应的工作方式：方式 0 为 2^{13}=8192，方式 1 为 2^{16}=65536，方式 2 为 2^8=256。若单片机使用的是 12MHz 的晶振，则

时钟周期=1/12000000（s）

机器周期=12×时钟周期=12×1/12000000（s），经过换算，机器周期刚好等于 1μs。

【例 1】使用定时器 0 将定时时间设定为 5000μs，晶振为 12MHz，如果将工作方式设定为工作方式 0，那么初值是多少呢？

根据公式：5000（μs）=（8192-初值）×（12/12000000）

初值=8192-5000=3192。我们要把这个数值装到 16 位计数寄存器中，如何装入呢？有一个很简便的方法。

TH0=初值/2^5（取商）=3192/32=99；TL0=初值%2^5（最余）=3192%32=24。

【例 2】使用定时器 0 将定时时间设定为 50ms，晶振为 12MHz，如果将工作方式设定为工作方式 1，那么初值是多少呢？

根据公式：50000=（65536-初值）×（12/12000000）

初值=65536-50000=15536。

TH0=初值/2^8（取商）=15536/256=60；TL0=初值%2^8（取余）=15536%256=176；

特别说明：工作方式 3 很少用到，这里不做介绍。一般情况下，为了方便计算初值，工作方式采用方式 1，晶振使用 12MHz。

根据前面的描述，可知定时器定时的时间最长为 65536μs，约 0.065s，这是很短的时间，如果定时需要达到 1s 或者更长，怎么办呢？下面的实例可以说明解决办法。

三、实例操作

编程实现：采用定时器 0，将工作方式设定为工作方式 1，用中断的方法使 P1.0 外接的 LED 交替亮 1s、灭 1s。定时器控制 LED 电路图如图 13-9 所示。

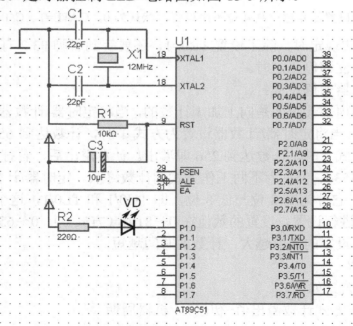

图 13-9　定时器控制 LED 电路图

【分析】

（1）设置 IE 寄存器，开中断。

```
ET0=1;
EA=1;
```

（2）设置 TMOD，确定工作方式。

M1M0=01;C/T=0;GATE=0;采用的是定时器 0，与定时器 1 无关，只需要设置低 4 位，即 TMOD=0x01;

（3）计算初值。

先将定时时间设定为 50ms，再进入中断 20 次，即达到 1s 的定时。

初值=65536-50000=15536。

TH0=(65536-50000)/256；TL0=(65536-50000)%256；

（4）参考程序。

参考程序如下。

```c
#include <reg51.h>
sbit    LED=P1^0;
char i=20;
void main()
{
    TMOD=0x01;                    //设定定时器 0 为工作方式 1
    TH0=(65536-50000)/256;        //设置初值
    TL0=(65536-50000)%256;
    LED=1;                        //使 LED 灭
    EA=1;                         //开总中断
    ET0=1;                        //开 T0 中断
    TR0=1;                        //定时器 0 开始定时
    while(1);                     //无限循环，相当于等待中断
}
void    T0_ISR(void)    interrupt    1    //中断服务函数
{
    TH0=(65536-50000)/256;        //再次设置初值
    TL0=(65536-50000)%256;
    i--;                          //循环次数减 1，总共减 20
    if(i<=0)
    {
        LED=~LED;                 //取反
        i=20;                     //再次设置循环次数
    }
}
```

四、思考

除了以上的方法，还有其他编程思路吗？

评价与分析

通过本次学习活动，能够掌握 51 单片机的中断的分类，能够掌握 51 单片机的中断设置方法，能够应用单片机的中断系统，能够正确设置定时器的工作方式，学会计算定时器精确定时初值，开展自评和教师评价，填写表 13-3。

表 13-3　活动过程评价表

班　级		姓　名		学　号			日　期	
序　号	评价要点			配分/分	自　评	教师评价	总　评	
1	能够正确打开中断			10				
2	能够正确设置定时器的工作方式			10				
3	能够正确计算初值并设置			10				
4	能够掌握定时器的工作方式			10			A	
5	能够掌握定时与计数功能的区别			10			B	
6	学会计数功能的设置方法			10			C	
7	掌握与定时器/计数器相关的特殊功能寄存器设置方法			10			D	
8	正确完成实例操作的内容			10				
9	能够找出另一种编程思路			10				
10	能够与同组成员共同完成任务			10				
小结与建议			合计	100				

注：总评档次分配包括 0～59 分（D 档）；60～74 分（C 档）；75～84 分（B 档）；85～100 分（A 档）。根据合计的得分，在相应的档次上打钩。

学习活动三　设置计数器

学习目标

1. 能够正确设置计数器。
2. 能够正确打开中断。
3. 理解计数器的应用。

建议学时

2 学时

学习准备

使用 Keil μVision4 开发软件和 Proteus7.8 仿真软件进行学习。

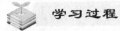学习过程

前面我们学习了定时器/计数器的定时功能，本节内容我们来学习定时器/计数器的计数功能。计数功能的设置使用的特殊功能寄存器与定时器使用的一样，只是 C/T 位不同。若 C/T

位是 0，则 C/T 位为定时器；若 C/T 位是 1，则 C/T 位为计数器。计数的脉冲从 P3.4（T0）和 P3.5（T1）两个引脚输入。中断的设置与定时器一样。下面以一个例子来说明计数器的计数功能的应用。

【例】使用定时器/计数器 0，采用工作方式 0 对外部 1Hz 脉冲进行计数，计数的结果实时通过四位一体数码管显示出来，计数 100 个脉冲后，点亮 LED，计数停止，单片机使用 12MHz 晶振。

四位一体数码管驱动电路图如图 13-10 所示。

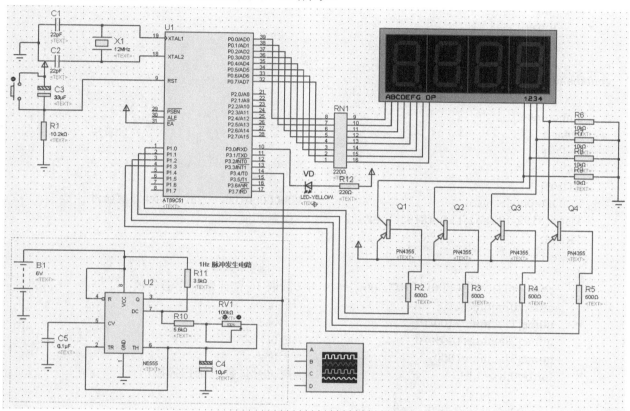

图 13-10 四位一体数码管驱动电路图

【分析】

对外部 1Hz 脉冲进行计数，此脉冲周期是 1s，即 1s1 个脉冲。下面对 TMOD 进行设置。

M1M0=00;C/T=1;GATE=0;由此 TMOD=0x04;

对 IE 进行设置。

EA=1;ET0=1;

设置初值。

$$初值=（8192-计数脉冲数）×12/12000000=8192-100$$

参考程序如下。

```
#include <regx51.h>
#define uchar unsigned char
#define uint   unsigned int
uchar code led[]={0xc0,0xf9,0xa4,0xb0,0x99,0x92,0x82,0xf8,0x80,0x90};
```

```
uchar code ledw[]={0xf7,0xfb,0xfd,0xfe};
uchar utime[4];
sbit LED=P3^0;

//void delay(uint x_ms);
void delay(uint x_ms)
{
    uint i,j;
    for(i=0;i<x_ms;i++)
        for(j=0;j<115;j++)
        ;
}
void main()
{
    uint ctime=0;
    uchar b;
    LED=1;
    EA=1;
    ET0=1;
    TMOD=0x04;                              //0b00000100，方式 0，对外部脉冲计数
    TH0=(8192-100)/32;TL0=(8192-100)%32;    //设置初值
    TR0=1;
    while(1)
    {
        ctime=(TH0*32+TL0)-(8192-100);      //读取 16 位计数寄存器的值
        utime[0]=ctime%10;                  //个位
        utime[1]=ctime%100/10;              //十位
        utime[2]=ctime/100%10;             //百位
        utime[3]=ctime/1000;               //千位
        for(b=0;b<=3;b++)                   //四位一体数码管扫描显示
        {
            P0=led[utime[b]];
            P1=ledw[b];
            delay(2);
            P0=P1=0xff;                     //必须加上消隐，否则不能正常显示
        }
    }
}
void T0_ISR(void) interrupt 1
{
    TH0=(8192-100)/32;TL0=(8192-100)%32;    //使四位一体数码管最后显示 0
    TR0=0;
    LED=0;
}
```

请同学们完成以上程序，并验证实验结果。

 评价与分析

通过本次学习活动，能够正确设置计数器，能够正确打开中断，理解计数器的应用，开

展自评和教师评价，填写表 13-4。

表 13-4　活动过程评价表

班　级		姓　名		学　号				日　期		
序　号		评价要点			配分/分	自　评	教师评价		总　评	
1		能够正确设置计数器			10					
2		能够正确打开中断			10					
3		掌握计数器外部脉冲输入引脚的设置方法			10					
4		掌握计数器外部引脚的不同点			10				A	
5		掌握数码管多位数显示的分解方法			10				B	
6		掌握 1Hz 脉冲发生器的调试方法			10				C	
7		掌握定时计数器方式 0 初值的设置方法			10				D	
8		进一步理解四位一体数码管的扫描显示原理			10					
9		学会使用示波器观察波形			10					
10		能够与同组成员共同完成任务			10					
小结与建议			合计		100					

注：总评档次分配包括 0~59 分（D 档）；60~74 分（C 档）；75~84 分（B 档）；85~100 分（A 档）。
根据合计的得分，在相应的档次上打钩。

任务十四 51单片机的通信功能

1. 掌握串口通信方法。
2. 掌握 I^2C 通信方法。

单片机之间通过什么进行通信呢?

常见的有串口通信、I^2C 通信、SPI 通信等,串口通信可以实现单片机与单片机之间、单片机与计算机之间的通信,而 I^2C 通信和 SPI 通信主要应用在拥有 I^2C、SPI 总线的外设之间的通信。

下面我们来了解一下单片机的串口通信。

一、串口通信

51 单片机内部集成了串口通信模块,串口通信模块对应两个引脚:RXD(P3.0)、TXD(P3.1)。串口通信模块的内部结构图如图 14-1 所示。

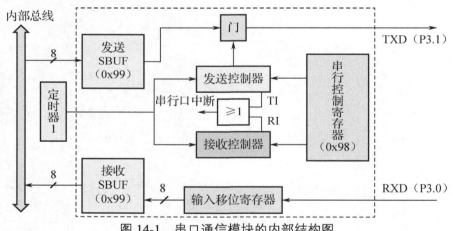

图 14-1 串口通信模块的内部结构图

1. 串口通信的相关寄存器

(1)串行控制寄存器(SCON)。

SCON 用于控制串口通信时的收发数据,并向中断系统请求中断。

SCON	SM0	SM1	SM2	REN	TB8	RB8	TI	RI

其中,各个位的含义如下。

SM0、SM1:用于确定串口的工作方式。串口工作方式如表 14-1 所示。

表 14-1　串口工作方式

SM0 SM1	工作方式	功　能	波特率
0　0	方式 0	8 位同步移位寄存器	$f_{osc}/12$
0　1	方式 1	10 位数据帧	可变
1　0	方式 2	11 位数据帧	$f_{osc}/64$ 或 $f_{osc}/32$
1　1	方式 3	11 位数据帧	可变

注：这里的 f_{osc} 是指单片机要使用的晶振的频率。

SM2：多机通信控制位，用于方式 2 和方式 3；在方式 0 中，它必须为 0。

当 SM2 为 0 时，接收到的第 9 位（RB8）数据无论是 0 还是 1，单片机的 CPU 都将接收到的数据送入 SBUF 中。接收完当前帧后，申请中断，置位 RI。

当 SM2 为 1 时，只有接收到的第 9 位（RB8）数据为 1 时，单片机的 CPU 才将接收到的数据送入 SBUF 中，接收完当前帧后，申请中断，置位 RI。若接收到的第 9 位（RB8）为 0，则丢弃接收的结果，不申请中断。

REN：允许串行接收位，由软件置位或清零。REN=1 时，允许串口接收；REN=0 时，禁止串口接收。

TB8：发送数据的第 9 位，在方式 2 和方式 3 中，由软件置位或复位，一般可做奇偶校验位。在多机通信中，TB8 可作为区别地址帧或数据帧的标识位，一般约定地址帧时，TB8 为 1；约定数据帧时，TB8 为 0。

RB8：接收数据的第 9 位，功能同 TB8。

TI：发送中断标志位。在方式 0 中，发送完 8 位数据后，该位由硬件置位；在其他方式中，在发送停止位之初，该位由硬件置位。因此，TI=1 是发送完一帧数据的标志，其状态既可供软件查询使用，也可请求中断。TI 位必须由软件清零。

RI：接收中断标志位。在方式 0 中，接收完 8 位数据后，该位由硬件置 1；在其他方式中，当接收到停止位时，该位由硬件置 1。因此，RI=1 是接收完一帧数据的标志，其状态既可供软件查询使用，也可请求中断。RI 位也必须由软件清零。

（2）串口缓冲寄存器（SBUF）。

图 14-1 中共有两个串口缓冲寄存器，一个用于发送数据，另一个用于接收数据。单片机发送数据与接收数据不能同时进行，由此给这两个寄存器赋以同一个地址——0x99。

发送数据时：SBUF=0x87;　　　　　//0x87 为假设的数据
接收数据时：X=SBUF;　　　　　　//X 为假设的变量

（3）输入移位寄存器。

这个寄存器在串口通信模块内部，我们是无法进行操作的。在接收方式下，数据先被接收在输入移位寄存器中，然后才会被送入 SBUF 中，从而构成了串口接收的双缓冲结构，以避免出现数据帧重叠错误。

（4）电源及波特率选择寄存器（PCON）。

这个寄存器除了最高位，其他的位都是虚设的。它的地址是 0x87，不能进行位寻址，对它操作只能以字节寻址的方式进行。它的最高位是 SMOD，这一位可以为 1 或 0。它会影响到串口通信的波特率。在方式 1、方式 2 和方式 3 时，串行通信的波特率与 SMOD 有关。当

SMOD=1 时，通信波特率变为原来的 2 倍；当 SMOD=0 时，通信波特率不变。

串口通信也是 51 单片机的 5 个中断源中的 1 个，在介绍中断系统时，没有介绍串口通信，在此会详细介绍。

2．串口通信的响应方式

（1）查询方式。

在查询方式下，串口通信时，如果没有打开中断，那么可以通过查询的方式来实现串口之间的通信。具体如下。

在发送数据时，首先，设置好串口的工作方式、波特率、关中断等；其次，把要发送的数据发送到 SBUF 中；再次，不断地查询发送结束标志 TI 是否等于 1，若 TI 等于 1，则说明本帧数据已经发送完毕，可以做其他工作或者进行下一帧数据的发送；最后，清除结束标志 TI，即 TI=0。

在接收数据时，首先设置好串口的工作方式、波特率、关中断等，这里要注意收发双方的工作方式与波特率都应该是一样的；然后不断地查询接收标志位 RI 是否等于 1，若 RI 等于 1，则说明接收一帧数据完毕，此时串口控制器转去读出 SBUF 中的数据；最后把 RI 标志位清除，即 RI=0。单片机可以做另外的工作，也可以继续接收下一帧数据。

（2）中断方式。

在中断方式下，串口在初始化时，要设置好工作方式、波特率、打开串口中断，工作方式、波特率收发双方应该是一样的。

要写好中断服务函数，在中断服务函数中，要区分发送与接收两种情况。一般的串口中断服务函数的结构如下。

```
void     Serial(void)    interrupt    4
{
    if(TI==1)
    {
        TI=0;
        SBUF=COM_DATA;
        ......
    }
    if(RI==1)
    {
        COM_DATA=SBUF;
        RI=0;
        ......
    }
}
```

该串口中断服务函数既可以用于数据的发送，也可以用于数据的接收。

3．串口通信的数据帧格式

串口通信的数据帧格式如图 14-2 所示。

该数据帧在传输时，会根据工作的方式有所不同。在接下来的工作方式中会详细讨论。

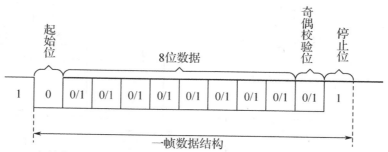

图 14-2　串口通信的数据帧格式

起始位：它为 0，数据线在没有通信时保持为 1，若检测到 0，则认为串口通信开始。

数据位：它是一个字节的数据，含有 8 位二进制位。

奇偶校验位：传输的 8 位数据中，若"1"的个数为偶数，则该位为 0；若"1"的个数为奇数则该位为 1。

停止位：停止位为 1，数据传输结束后，保持为 1。

4．串口的工作方式

（1）工作方式 0（SM0SM1=00）。

工作方式 0 以 8 位数据为一帧进行传输，不设起始位与停止位，先发送或接收最低位。该帧数据不保留起始位、停止位和奇偶校验位，只保留中间的 8 位数据。

工作方式 0 一般作为数据端口的扩展来使用，即通过串口可以实现"串入并出""并入串出"的功能，用它作为并行输出（入）口使用。不过这种功能要求有外围逻辑芯片的支持才能实现。用串口扩展 I/O 端口输出电路图如图 14-3 所示。

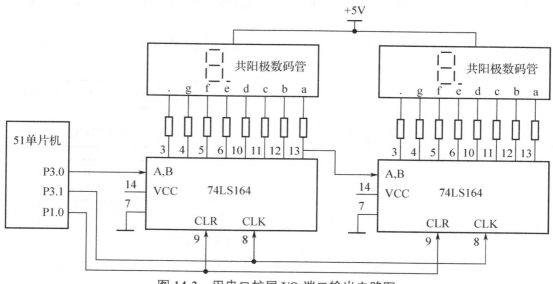

图 14-3　用串口扩展 I/O 端口输出电路图

图 14-3 所示的输出方式为扩展输出，在此电路图中，串口先通过 P3.0 逐位输出 2 字节的数据，再经过 74LS164 并行的输出，从而实现了端口的输出扩展。用串口扩展 I/O 端口输入电路图如图 14-4 所示。

图 14-4 所示的输入方式为扩展输入，在此电路图中，串口通过 P3.0 逐位读入两片 74LS165 的 D0～D7 的数据，从而实现了端口的输入扩展。

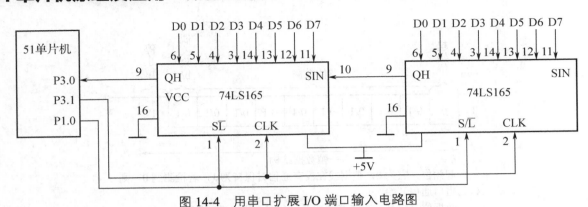

图 14-4 用串口扩展 I/O 端口输入电路图

在上述两种扩展方式中，每接收或发送 1 字节数据都会置位 RI 或 TI。我们通过中断或查询的方式即可实现数据的接收和发送。

此时的波特率是固定的，为 $f_{osc}/12$。若晶振是 12MHz，则波特率为 1Mbit/s，即每 1μs 移出或移入 1 位。

（2）工作方式 1（SM0SM1=01）。

工作方式 1 以 10 位数据为一帧进行传输，设有 1 个起始位，1 个停止位，没有奇偶校验位。

工作方式 1 为 10 位通信接口，TXD 和 RXD 分别用于发送与接收数据。收发一帧数据为 10 个二进制位，数据位是低位在前、高位在后。

发送数据时，数据从 TXD（P3.1）端输出，当 TI=0 时，执行数据写入 SBUF 指令，启动串行数据发送操作。当数据发送完成后，置位 TI。

接收数据时，SCON 中的 REN 位必须等于 1，数据从 RXD（P3.0）端输入 SBUF 中，当接收完一帧数据后，置位 RI。

波特率的设定：在工作方式 1 中，波特率是可变的，即可以根据通信的需求设定。工作方式 1 中波特率的设定如图 14-5 所示。

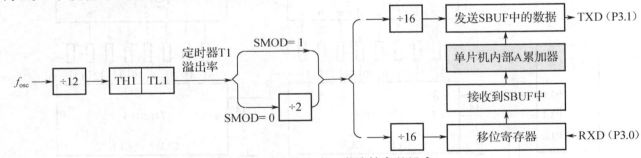

图 14-5 工作方式 1 中波特率的设定

定时器 T1 作为波特率发生器使用，波特率由定时器 T1 的溢出率决定，公式如下。

$$波特率 = \frac{2^{SMOD}}{32} \times 定时器T1溢出率 \qquad (14\text{-}1)$$

$$定时器T1溢出率 = \frac{1}{(2^M - X) \times \dfrac{12}{f_{osc}}} = \frac{f_{osc}}{(2^M - X) \times 12} \qquad (14\text{-}2)$$

根据式（14-1）和式（14-2），可以得到

$$波特率 = \frac{2^{SMOD}}{32} \times \frac{f_{osc}}{(2^M - X) \times 12}$$

其中，2^M 是指定时器工作方式的定时最大值，即 M=8、13 或 16（256、8192、65536），为了让波特率更稳定，一般都会选择定时器的工作方式 2，它具有自动重装功能。

X 则为定时器设定的初值。如果将定时器 T1 设定为工作方式 2，那么上述公式可以进一步简化。

$$波特率 = \frac{2^{SMOD}}{32} \times \frac{f_{osc}}{(256-X) \times 12} = \frac{2^{SMOD} \times f_{osc}}{384 \times (256-X)}$$

$$X = 256 - \frac{2^{SMOD} \times f_{osc}}{384 \times 波特率}$$

例如，设定两个单片机通信的波特率为 2400bit/s，晶振为 12MHz，串口工作在工作方式 1，用定时器 T1 产生波特率，将定时器 T1 设定为工作方式 2（禁止 T1 中断）。

若 SMOD=1，则定时器初值 X 如下。

$$X = 256 - \frac{2 \times 12 \times 10^6}{384 \times 2400} \approx 230 = 0xe6$$

若 SMOD=0，则定时器初值 X 如下。

$$X = 256 - \frac{1 \times 12 \times 10^6}{384 \times 2400} \approx 243 = 0xf3$$

特别注意，进行串口通信时，必须将两个单片机的串口波特率设定为相同的值。

（3）工作方式 2（SM0SM1=10）。

工作方式 2 是 11 位数据为一帧的串口通信方式，即 1 个起始位、8 个数据位、1 个奇偶校验位、1 个停止位。

在工作方式 2 下，不同的是奇偶校验位，它的功能由用户确定，是一个可编程的位。

在发送数据时，预先设置好 SCON 中的 TB8 位。发送数据时即把 8 位数据送入 SBUF 中，把 TB8 作为奇偶校验位并将其发送出去，发送完毕后置位 TI。在接收数据时，将 8 位数据送入 SBUF，将奇偶校验位送到 RB8，把 RI 置位。

在工作方式 2 中，波特率是固定的，只有两种，由 SMOD 位决定。工作方式 2 中波特率的设定如图 14-6 所示。

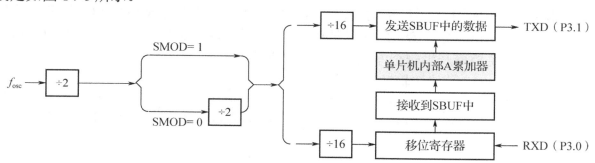

图 14-6　工作方式 2 中波特率的设定

图 14-6 与工作方式 1 中的图 14-5 很相似，只是去掉了定时器的环节，由此波特率就只由 SMOD 位决定，它只有两个值：波特率=$\frac{f_{osc}}{64}$ 或 $\frac{f_{osc}}{32}$。若晶振是 12MHz，则波特率=187500bit/s 和 375000bit/s。若晶振是 11.0592MHz，则波特率=172800bit/s 或 345600bit/s。

（4）工作方式 3（SM0SM1=11）。

工作方式 3 的数据帧与工作方式 2 的数据帧相同，它们的通信过程也是相同的，不同的只是波特率。工作方式 3 的波特率可以调整，调整的方法同方式 1。

二、I²C 通信

在很多 51 单片机的周边有很多使用 I²C 总线的元件，AT89S51 单片机本身没有 I²C 的硬件接口，如果它要与 I²C 总线的元件通信，那么可以通过端口来模拟。I²C 总线是一种很常见的、应用很广泛的接口，在单片机课程中非常有必要学习它。比如很多的存储数据的芯片，24C0X 系列就是采用 I²C 总线进行数据交换的。I²C 总线有什么特点呢？

1．I²C 总线的特点

（1）硬件的接口相同。

所有具有 I²C 总线的元件的接口都只有两条线：SDA 和 SCL，其中，SDA 为串行数据线，SCL 为串行时钟线。

（2）I²C 总线的元件都具有唯一的地址。

各元件之间不会相互干扰，只能作为从设备使用。各从设备间不能通信，只能实现主—从设备之间的通信。

（3）接口驱动方法相同，移植方便。

2．I²C 总线传输规则

（1）I²C 总线的 SDA 和 SCL 两条线都是双向传输的。它们都要接上拉电阻。总线空闲时，SDA 和 SCL 保持高电平。I²C 总线可以实现线的"与"功能。

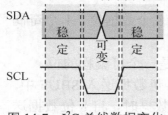

图 14-7　I²C 总线数据变化
时序图

（2）I²C 总线进行数据传输时，在时钟信号高电平期间，数据线上的数据必须保持稳定，只有时钟线上的信号为低电平期间，数据线上的高低电平才允许有变化。I²C 总线数据变化时序图如图 14-7 所示。

（3）起始信号：SCL 为高电平期间，SDA 出现由高电平向低电平的变化。终止信号：SCL 为高电平期间，SDA 出现由低电平向高电平的变化。

（4）I²C 总线传送的每一字节均为 8 位，每启动一次 I²C 总线，传输的字节数都没有限制。由主控器发送时钟脉冲、起始信号、寻址字节和停止信号，受控器必须在收到每个数据字节后做出响应，在第 9 个时钟脉冲位上释放 SDA 线，以便受控器送出应答信号。应答信号即把 SDA 线拉成低电平。应答信号用 ACK 或 A 表示。非应答信号用 $\overline{ACK}$ 或 $\overline{A}$ 表示。主控器产生一个停止信号终止数据传输。

图 14-8 所示为 I²C 总线传输数据的示意图。

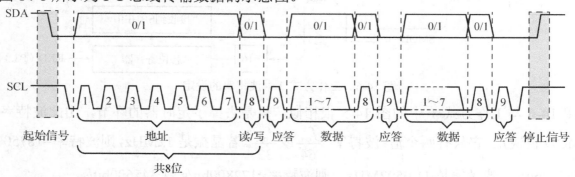

图 14-8　I²C 总线传输数据的示意图

SDA 是数据线，SCL 是时钟线，起始信号与停止信号如图 14-9 所示。

SCL 的前 7 个脉冲对应的 SDA 的 7 位数据是受控器的地址，第 8 个脉冲对应的 SDA 的数据是读/写信号。当 SDA=1 时，SDA 的数据是读信号；当 SDA=0 时，SDA 的数据是写信号，如图 14-10 所示。

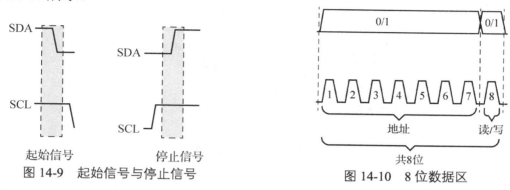

图 14-9　起始信号与停止信号　　　　图 14-10　8 位数据区

SCL 的第 9 个脉冲高电平期间对应 SDA 的应答信号，此时 SDA 由受控器发出，受控器拉低 SDA 的电平，即认可接收到的数据。

3．I²C 总线数据的读/写格式

（1）写格式（见图 14-11）。

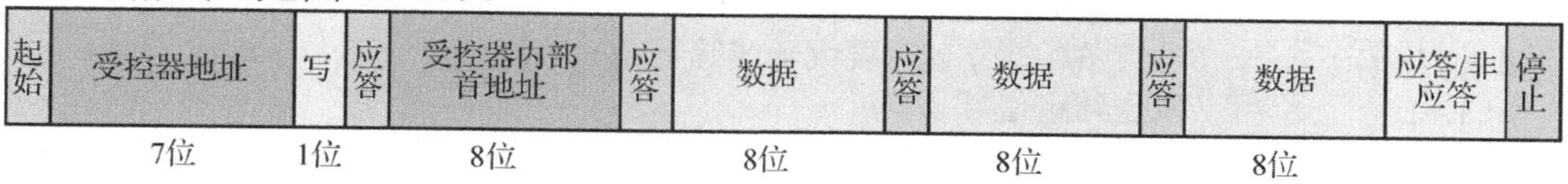

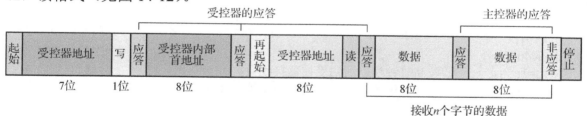

图 14-11　写格式

写格式：首先发送启动信号，其次发送受控器地址，确认受控器，再次发送受控器内的存储空间的首地址，最后就是发送数据了。

（2）读格式（见图 14-12）。

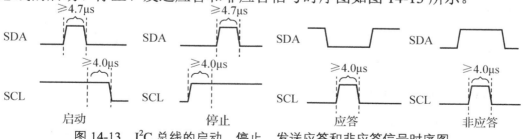

图 14-12　读格式

在读数据时，主控器要先发送受控器的地址，受控器收到后应答有效，然后主控器发送受控器的内部首地址，受控器应答有效后，读格式中的信号再次启动，发送受控器地址，最后主控器开始接收由受控器发来的数据，即实现读数据。

4．I²C 总线的驱动设计

I²C 总线的启动、停止、发送应答和非应答信号时序图如图 14-13 所示。

图 14-13　I²C 总线的启动、停止、发送应答和非应答信号时序图

（1）启动总线函数。

设延时宏定义为如下程序。

```
#define delay4us() {_nop_();_nop_();_nop_();_nop_();_nop_();}
void startIIC()
{
    SDA=1;              //拉高数据线
    SCL=1;              //拉高时钟线，开始建立启动条件
    delay4us();         //延时大于或等于 4.7μs
    SDA=0;              //拉低数据线，启动条件实现
    delay4us();         //延时大于或等于 4μs
    SCL=0;              //拉低时钟线，准备发送或接收数据
}
```

（2）结束总线函数。

```
void stopIIC()
{
    SDA=0;              //发送结束条件的数据信号
    SCL=1;              //发送结束条件的时钟信号
    delay4us();         //结束条件建立延时要大于或等于 4μs
    SCL=1;              //发送结束信号
    delay4us();
    SDA=1;
}
```

（3）读取应答函数。

```
void RACK()
{
    SDA=1;
    delay4us();
    SCL=1;              //拉高时钟线，通知受控器接收数据
    delay4us();         //保证时钟线高电平时间大于或等于 4μs
    SCL=0;
}
```

（4）发送非应答函数。

```
void NO_ACK()
{
    SDA=1;              //拉高数据线，准备接收数据
    SCL=1;
    delay4us();
    SCL=0;
    SDA=0;
}
```

（5）向 24c02 写入一个字节函数。

```
void Write_A_Byte(uchar byte)
{
```

```
    uchar i;
    for(i=0;i<8;i++)          //循环移入8位二进制数
    {
        byte<<=1;SDA=CY;_nop_();SCL=1;delay4us();SCL=0;
    }
    RACK();                   //读取应答
}
```

（6）从24c02中读取一个数据函数。

```
uchar Receive_A_Byte()
{
    uchar i,d;
    for(i=0;i<8;i++)
    {
        SCL=1;d<<=1;d|=SDA;SCL=0;
    }
    return(d);
}
```

（7）向任意地址写入数据函数。

```
void Write_Random_Address_Byte(uchar add,uchar dat)
{
    startIIC();               //启动总线
    Write_A_Byte(0xa0);       //发送受控器地址
    Write_A_Byte(add);        //发送受控器子地址
    Write_A_Byte(dat);        //写数据
    stopIIC();                //结束总线
}
```

（8）从当前地址读取数据函数。

```
uchar Read_Current_Address_Data()
{
    uchar dat;
    startIIC();               //启动总线
    Write_A_Byte(0xa1);       //发送受控器地址，受控器的读地址要在写地址的基础上加1
    dat=Receive_A_Byte();     //读取数据
    NO_ACK();                 //发送非应答位
    stopIIC();                //结束总线
    return(dat);
}
```

（9）从任意地址读取数据函数。

```
uchar Random_Read(uchar addr)
{
    startIIC();               //启动总线
    Write_A_Byte(0xa0);       //发送受控器地址
    Write_A_Byte(addr);       //发送受控器子地址
    stopIIC();                //结束总线
```

```
        return(Read_Current_Address_Data());
}
```

5. 注意事项

（1）使用单片机模拟出 I^2C 总线进行通信，单片机也只能作为主机，而不能作为从机，即不能在两块没有 I^2C 总线硬件模块的单片机之间通信。

（2）挂接在 I^2C 总线上的元件端口必须具有开漏特性。

（3）编写 I^2C 总线驱动函数时，要注意数据线与时钟线的时序关系。

 学习流程与活动

步　　骤	学习内容与活动	建议学时
1	使用串口扩展 I/O 端口实现流水灯功能	2
2	双机通信	2
3	I^2C 通信	2

学习活动一　使用串口扩展 I/O 端口实现流水灯功能

 学习目标

1. 能够正确设置串口的工作方式。
2. 理解串口扩展的原理。
3. 掌握 74HC164 逻辑芯片的工作原理。

 建议学时

2 学时

 学习准备

使用 Keil μVision4 开发软件和 Proteus7.8 仿真软件进行学习。

 学习过程

一、实例操作

使用串口扩展 I/O 端口，实现 16 个 LED 的流水灯功能。

使用串口扩展 I/O 端口电路图如图 14-14 所示。

【分析】

下面了解一下 74HC164 的结构与原理。图 14-15 所示为 74HC164 的引脚图。

其中，DSA/DSB 是数据输入端，CP 是时钟信号输入端，$\overline{MR}$ 是整体清零端。74HC164 的内部结构图如图 14-16 所示。

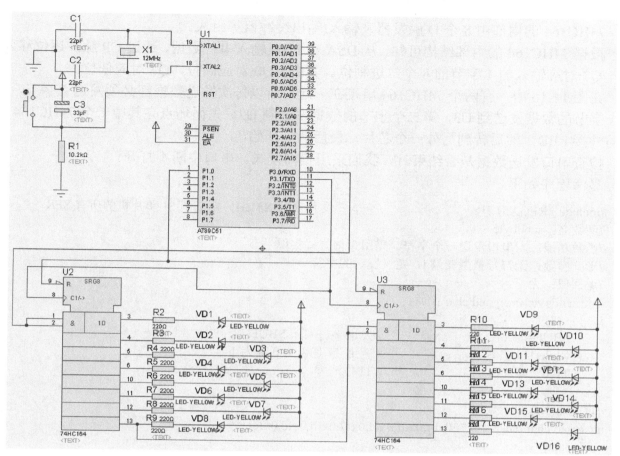

图 14-14　使用串口扩展 I/O 端口电路图

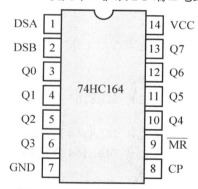

图 14-15　74HC164 的引脚图

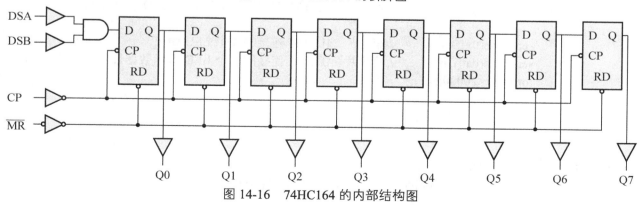

图 14-16　74HC164 的内部结构图

74HC164 的内部由 8 个 D 触发器及输入/输出缓冲器等组成。

根据 74HC164 的内部结构可知，从 DSA 和 DSB 输入串行数据，通过 CP 脉冲逐位移入，Q0～Q7 对应输入的 1 字节的 8 个二进制位。其中，Q0 对应高位，Q7 对应低位。

在图 14-16 中，有两个 74HC164 串接在一起，所以每次发送数据都必须发送 2 字节，第一个字节的数据发送到 U3，第二个字节的数据发送到 U2。先循环点亮其中一个 74HC164 芯片的外接 LED，然后转到另外一个芯片，最后从头开始。

检查串口发送数据是否结束时，我们采用查询模式。串口中断不打开。

参考程序如下。

```
#include <REGX51.H>              //包含头文件 REGX51.H，定义了 51 单片机的所有 SFR
//函数名：sendbyte
//函数功能：向串口发送一个字符，采用查询方式实现
//形式参数：无符号整型变量 i，定义发送的字符
//返回值：无
void sendbyte(unsigned char i)
{
    SBUF=i;                      //发送字符写入 SBUF
    while(!TI);                  //查询 TI 是否由 0 变为 1
    TI=0;                        //TI 位清零
}
//定义流水灯显示数据
unsigned char dat[]={0x7f,0xbf,0xdf,0xef,0xf7,0xfb,0xfd,0xfe};
void main()
{
    unsigned char i;
    unsigned int t;
    SCON=0x00;                   //设置串行口工作方式为方式 0
    while(1)
    {
        for(i=0;i<8;i++)         //第二片 74LS164（U3）连接的 8 个 LED 实现流水灯
        {
            sendbyte(dat[i]);    //第二片 74LS164 连接的 8 个 LED 显示数据
            sendbyte(0xff);      //第一片 74LS164 连接的 8 个 LED 熄灭
            for(t=0;t<20000;t++);//延时
        }
        for(i=0;i<8;i++)         //第一片 74LS164（U2）连接的 8 个 LED 实现流水灯
        {
            sendbyte(0xff);      //第二片 74LS164 连接的 8 个 LED 熄灭
            sendbyte(dat[i]);    //第一片 74LS164 连接的 8 个 LED 显示数据灯
            for(t=0;t<20000;t++);//延时
        }
    }
}
```

在该程序中，关键点在于：

（1）不开串口中断，使用查询方式来判断串口是否发送完毕。

（2）每次发送都必须发送 2 字节，第一个字节的数据发送到 U3，第二个字节的数据发送到 U2。

二、请同学们上机练习

 评价与分析

通过本次学习活动，掌握串口通信方法，掌握 I²C 通信方法，能够正确设置串口的工作方式，能够理解串口扩展的原理，掌握 74HC164 逻辑芯片的工作原理，开展自评和教师评价，填写表 14-2。

表 14-2　活动过程评价表

班　级		姓　名		学　号			日　期		
序　号	评价要点			配分/分	自　评		教师评价	总　评	
1	能够正确设置串口工作方式0			10					
2	能够理解 74HC164 的工作方式			10					
3	懂得使用 74HC164 进行 I/O 端口扩展			10					
4	掌握 74HC164 的内部结构			10				A	
5	掌握向 74HC164 发送字节的方法			10				B	
6	掌握利用串口扩展 I/O 端口时不开中断的方法			10				C	
7	掌握串口的其他工作方式			10				D	
8	能够完成整个程序的编写			10					
9	能够完成程序的仿真			10					
10	能够与同组成员共同完成任务			10					
小结与建议			合计	100					

注：总评档次分配包括 0～59 分（D 档）；60～74 分（C 档）；75～84 分（B 档）；85～100 分（A 档）。
根据合计的得分，在相应的档次上打钩。

学习活动二　双机通信

 学习目标

1. 能够正确设置串口的通信模式。
2. 学会串口波特率的设置方法。

 建议学时

2 学时

 学习准备

使用 Keil μVision4 开发软件和 Proteus7.8 仿真软件进行学习。

51单片机原理及应用一体化工作页

学习过程

一、任务介绍

本任务可以实现双机通信，甲机外接一个按键，当按键被按下时，甲机向乙机发送次数，即按键被按下的次数，乙机通过一位数码管将次数显示出来，初始显示 0，当显示 9 次后，又从 0 开始显示。双机通信电路图如图 14-17 所示。

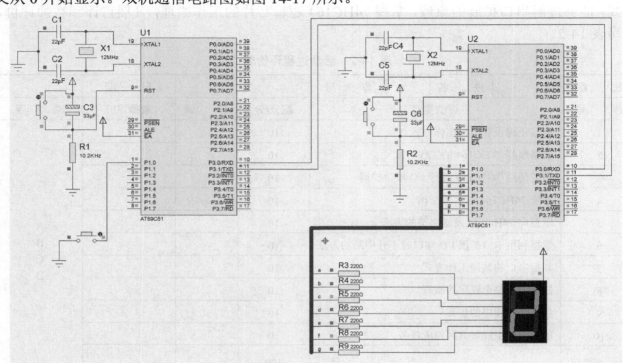

图 14-17 双机通信电路图

【分析】

本次通信实现单向传输数据，即由甲机（U1）向乙机（U2）发送数据，乙机并没有向甲机发送数据，我们采用串口通信的工作方式 1 来传输数据即可。工作方式 1 是 10 位一帧的数据传输，没有奇偶校验位。甲机采用查询方式进行发送，乙机采用中断方式进行接收，双机采用的波特率为 9600bit/s。根据以上分析可以得到以下参考程序。

甲机（U1）的参考程序如下。

```
#include <REGX51.H>          //包含51单片机的头文件
sbit   KEY=P1^0;             //P1.0口为按键KEY的端口
unsigned char count;         //定义一个全局变量，用于存放按键被按下的次数
//按键识别函数
void   key()
{
  unsigned char k;
  if(KEY==0)                 //判断按键是否被按下
  {
    for(k=0;k<250;k++);      //消抖
    if(KEY==0)               //按键确定被按下
```

```
    {
                    if(++count==10)
                        count=0;            //按键次数加 1，并判断次数是否达到 10 次，若达到则归 0
                    while(!KEY);            //等待按键被释放
            }
    }
}
void main()
{
        TMOD=0x20;                  //将定时器 T1 的工作方式 2 作为波特率发生器
        TL1=0xfd;                   //初值设置，使波特率为 9600bit/s
        TH1=0xfd;
        TR1=1;                      //开始计数
        SCON=0x40;                  //设置串口通信的方式为工作方式 1
        PCON=0x00;                  //SMOD=0，波特率不倍增
        count=0;                    //初始化次数为 0
    while(1)
        {
          key();                    //读按键次数
          SBUF=count;               //通过串口发送按键次数
          while(!TI);               //采用查询方式判断发送是否完成
          TI=0;                     //发送完成后，清除发送结束标志
        }
}
```

乙机（U2）的参考程序如下。

```
#include <REGX51.H>             //包含 51 单片机的头文件
code unsigned char tab[]={0xc0,0xf9,0xa4,0xb0,0x99,0x92,0x82,0xf8,0x80,0x90};
                                //定义 0～9 的共阳极数码管显示代码
void   main()                   //主函数
{
        TMOD=0x20;              //将定时器 T1 的工作方式 2 作为波特率发生器
        TL1=0xfd;               //设置波特率为 9600bit/s
        TH1=0xfd;
        TR1=1;
        SCON=0x40;              //设置串口通信的方式为工作方式 1
        PCON=0x00;              //SMOD=0，波特率不倍增
        ES=1;                   //打开串口中断
        EA=1;                   //打开总中断
        REN=1;                  //允许串口接收数据
        P1=tab[0];              //使数码管开始显示 0
        while(1);               //无限循环，等待串口中断发生

}
//串口中断服务函数
void serial() interrupt 4       //串口中断号是 4
{
        EA=0;                   //关总中断，防止在处理数据时再次发生中断
```

```
        RI=0;                    //清除串口接收完成标志
        P1=tab[SBUF];            //通过 P1 口外接数码管显示甲机按键被按下的次数
        EA=1;                    //再次打开总中断
    }
```

本次任务的关键点如下。

（1）注意双机通信在硬件连接上不能出错，否则无法通信。甲机的引脚 P3.0 连接到乙机的引脚 P3.1，甲机的引脚 P3.1 连接到乙机的引脚 P3.0。

（2）通信的波特率可以自由设置，不一定选择 9600bit/s，可以是 2400bit/s、4800bit/s、19200bit/s 等，当然，选择合适的波特率可以保证通信的稳定性。波特率越高，通信速率越高。

（3）设置波特率时，要懂得计算初值，基本上都是使用定时器的工作方式 2 来产生波特率的，工作方式 2 是自动重载式计数方式，不会产生计时误差。

（4）在发送端采用查询方式工作，不需要打开中断，而接收端使用了中断方式接收串口数据，由此接收完成后一定记得清除接收完成标志位。另外，还要关总中断，防止串口在处理数据时再次中断。

（5）关于波特率是否倍增，并不是要紧的，波特率可以倍增也可以不倍增，对通信没有多大的影响，只是波特率倍增后，通信的速率高了一倍。

二、请同学们上机练习

评价与分析

通过本次学习活动，能够正确设置串口的通信模式，学会串口波特率的设置方法，开展自评和教师评价，填写表 14-3。

表 14-3　活动过程评价表

班　级		姓　名	学　号		日　期	
序　号	评价要点		配分/分	自　评	教师评价	总　评
1	能够正确设置串口的波特率		10			
2	能够正确设置串口的工作方式		10			
3	能够理解双机通信的原理		10			
4	能够正确应用串口通信功能		10			A
5	学会编写串口中断服务函数		10			B
6	掌握串口通信的数据帧格式		10			C
7	懂得单片机之间串口通信的连接方法		10			D
8	能够完成整个程序的编写		10			
9	能够完成程序的仿真		10			
10	能够与同组成员共同完成任务		10			
小结与建议		合计	100			

注：总评档次分配包括 0～59 分（D 档）；60～74 分（C 档）；75～84 分（B 档）；85～100 分（A 档）。
根据合计的得分，在相应的档次上打钩。

学习活动三　I²C 通信

学习目标

1. 能够正确理解 I²C 总线的读取时序。
2. 能够正确编写 I²C 总线的读取子函数。
3. 能够理解 24C0X 系列存储芯片的读/写地址变化。

建议学时

2 学时

学习准备

使用 Keil μVision4 开发软件和 Proteus7.8 仿真软件进行学习。

学习过程

一、实例操作

如图 14-18 所示，从 24C04 中读出数据，用数码管显示出来，将读出的数据加 1 后再次存入 24C04 中。24C04 的第一个、第二个地址分别用于存储 0x70、0x80 两个数据。

24C04 存储芯片的读/写地址有一些不同，读地址是固定的 0xa0，写地址是固定的 0xa1。这一点要特别注意。

24C04 是一块具有 512 字节的存储芯片，可以擦写百万次，数据可以保存 40 年。它使用 I²C 总线接口。读/写 24C04 芯片的电路图如图 14-18 所示。

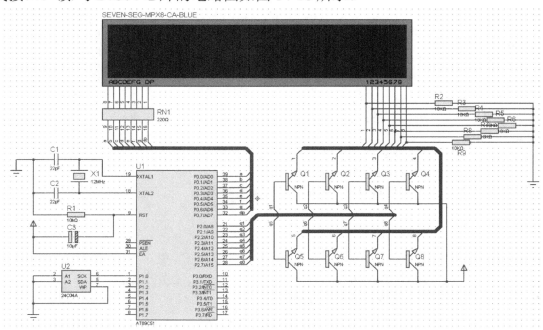

图 14-18　读/写 24C04 芯片的电路图

从图 14-18 上可知，24C04 芯片与单片机的 P1.0 和 P1.1 两个引脚连接。单片机的 P0 口作为数码管的显示代码输出端口，P2 口则作为数码管的位控制信号输出端口。在图 14-18 中，数码管的位控制引脚必须要通过电阻钳拉到地，否则不能显示。

参考程序如下。

```c
#include <reg52.h>
#include <intrins.h>
#define  uchar  unsigned  char
#define  uint  unsigned  int
#define delay4us() {_nop_();_nop_();_nop_();_nop_();_nop_();}
//24C04 引脚定义
sbit SCL = P1^0;
sbit SDA = P1^1;
//数码管显示代码，最后一个数据位不显示
uchar code DSY_CODE[]=
{
    0xc0,0xf9,0xa4,0xb0,0x99,0x92,0x82,0xf8,0x80,0x90,0xff
};
//三位数的显示缓冲
uchar DISP_Buffer[]={0,0,0};
uchar Count = 0;
//短延时
void DelayMS(uint x)
{
    uchar t;
    while(x--)
    {
        for(t=120;t>0;t--);
    }
}
//启动总线
void startIIC()
{
    SDA=1;          //拉高数据线
    SCL=1;          //拉高时钟线，开始建立启动条件
    delay4us();     //延时大于或等于 4.7μs
    SDA=0;          //拉低数据线，启动条件实现
    delay4us();     //延时大于或等于 4μs
    SCL=0;          //拉低时钟线，准备发送或接收数据
}
//结束总线
void stopIIC()
{
    SDA=0;          //发送结束条件的数据信号
    SCL=1;          //发送结束条件的时钟信号
    delay4us();     //结束条件建立延时要大于或等于 4μs
    SCL=1;          //发送结束信号
    delay4us();
```

```
        SDA=1;
    }
    //读取应答
    void RACK()
    {
        SDA=1;
        delay4us();
        SCL=1;              //拉高时钟线，通知受控器接收数据
        delay4us();         //保证时钟线高电平时间大于或等于4μs
        SCL=0;
    }
    //发送非应答
    void NO_ACK()
    {
        SDA=1;              //拉高数据线，准备接收数据
        SCL=1;
        delay4us();
        SCL=0;
        SDA=0;
    }
    //向24C04写入1字节
    void Write_A_Byte(uchar b)
    {
        uchar i;
        for(i=0;i<8;i++)    //循环移入8位二进制数
        {
            b<<=1;SDA=CY;_nop_();SCL=1;delay4us();SCL=0;
        }
        RACK();             //读取应答
    }
    //从24C04中读取一个数据
    uchar Receive_A_Byte()
    {
        uchar i,d;
        for(i=0;i<8;i++)
        {
            SCL=1;d<<=1;d|=SDA;SCL=0;
        }
        return d;
    }
    //向任意地址写入数据
    void Write_Random_Address_Byte(uchar add,uchar dat)
    {
        startIIC();
        Write_A_Byte(0xa0);
        Write_A_Byte(add);
        Write_A_Byte(dat);
        stopIIC();
```

```
        DelayMS(10);
}
//从当前地址读取数据
uchar Read_Current_Address_Data()
{
    uchar d;
    startIIC();
    Write_A_Byte(0xa1);
    d=Receive_A_Byte();
    NO_ACK();
    stopIIC();
    return d;
}
//从任意地址读取数据
uchar Random_Read(uchar addr)
{
    startIIC();
    Write_A_Byte(0xa0);
    Write_A_Byte(addr);
    stopIIC();
    return Read_Current_Address_Data();
}
//数据转换与显示
void Convert_And_Display()
{
    DISP_Buffer[2] = Count/100;
    DISP_Buffer[1] = Count%100/10;
    DISP_Buffer[0] = Count%100%10;
    if(DISP_Buffer[2] == 0)
    {
        DISP_Buffer[2] = 10;
        if(DISP_Buffer[1] == 0)
        {
            DISP_Buffer[1] = 10;
        }
    }
    P2 = 0x80;
    P0 = DSY_CODE[DISP_Buffer[0]];
    DelayMS(2);
    P2 = 0x40;
    P0 = DSY_CODE[DISP_Buffer[1]];
    DelayMS(2);
    P2 = 0x20;
    P0 = DSY_CODE[DISP_Buffer[2]];
    DelayMS(2);
}

void main()
```

```
    {
        //24C04 内的第 1 个字节和第 2 个字节用 24c04.bin 文件分别初始化为 0x70(112)和 0x80(128)，因
此首次显示的数值将是 113，如果从 0x01 读取，那么首次显示的数值为 129
        Count = Random_Read(0x01) + 1;              //从 0x01 地址读取并递增
        Write_Random_Address_Byte(0x01,Count);      //将递增后的数据写入 24C02
        while(1)
            Convert_And_Display();
    }
```

本程序的关键点如下。

（1）I^{2}C 总线的读/写时序比较严格，不能随意地延时，要特别注意延时的长短。

例如：

```
void startIIC()
{
    SDA=1;          //拉高数据线
    SCL=1;          //拉高时钟线，开始建立启动条件
    delay4us();     //延时大于或等于 4.7μs
    SDA=0;          //拉低数据线，实现启动条件
    delay4us();     //延时大于或等于 4μs
    SCL=0;          //拉低时钟线，准备发送或接收数据
}
```

延时 delay4us()必须要大于 4.7μs，若小于这个数值，则无法进行读取，但比这个数值大太多也不行，所以必须取一个大于又接近 4.7μs 的时间延时才行。

（2）24C04 的读/写地址是不一样的。

24C04 的地址是 1010，这个地址是 I^{2}C 元件的设备地址，也就是说，所有的 24C04 的元件地址都是 1010；但是 24C04 的地址是 7 位（I^{2}C 总线是 7 位地址模式，第八位为读/写位）的，厂商生产时只是制定了前 4 位（1010），后 3 位的地址取决于 24C04 几个引脚的接高接低。24C04 的 A1 和 A2 全部接低电平，由此，它的读地址为 0xa0、写地址为 0xa1。

（3）数码管的显示采用扫描的方式进行。

参考程序如下。

```
P2 = 0x80;
P0 = DSY_CODE[DISP_Buffer[0]];
DelayMS(2);
P2 = 0x40;
P0 = DSY_CODE[DISP_Buffer[1]];
DelayMS(2);
P2 = 0x20;
P0 = DSY_CODE[DISP_Buffer[2]];
DelayMS(2);
```

这里先显示个位，然后显示十位，最后显示百位，接着从头开始循环，从而实现稳定地显示三位数。

二、完成以上程序，并验证实验结果

仿真时请注意如下事项。

（1）打开24C04，装载24c04.bin文件，此文件中已经有第一个地址和第二个地址写入0x70、0x80两个数据。

（2）打开单片机，先装载编译后的HEX文件，然后仿真。

三、拓展思考

在本例中，每次启动仿真后，显示的数值都会增加1，如何使显示的数据恢复初始值呢？

参考：先把24C04分解，然后运行仿真，此时显示0，最后撤销分解，再次仿真即可恢复初始值。

评价与分析

通过本次学习活动，能够正确理解 I^2C 总线的读取时序，能够正确编写 I^2C 总线的读取子函数，能够理解24C0X系列存储芯片的读/写地址变化，开展自评和教师评价，填写表14-4。

表14-4 活动过程评价表

班 级		姓 名		学 号			日 期	
序 号	评价要点				配分/分	自 评	教师评价	总 评
1	能够正确理解 I^2C 的读/写原理				10			
2	能够正确编写 I^2C 的读/写子程序				10			
3	能够编写数码管的显示程序				10			
4	能够理解 I^2C 的读写地址				10			A B C D
5	能够编写出完整的程序				10			
6	能够通过仿真实现操作要求				10			
7	掌握24C04芯片的读/写地址				10			
8	学会在Proteus上恢复24C04的初始值				10			
9	进一步理解 I^2C 总线的读/写时序				10			
10	能够与同组成员共同完成任务				10			
小结与建议			合计		100			

注：总评档次分配包括0～59分（D档）；60～74分（C档）；75～84分（B档）；85～100分（A档）。根据合计的得分，在相应的档次上打钩。

任务十五 A/D转换与D/A转换

1. 了解 A/D 转换与 D/A 转换的原理与意义。
2. 掌握 A/D 芯片与 D/A 芯片的工作原理与应用。
3. 掌握单片机与 A/D 芯片、D/A 芯片之间的控制过程。

任务内容

　　在单片机的各种应用中，经常会遇到信号之间的转换问题，特别是模拟信号与数字信号之间的转换。比如，在空调电路中，把感温头检测到的温度信号转换为单片机能够处理的数字信号；在播放音乐时，先把存储设备中的数字信号转换为模拟信号，再把模拟信号放大输出，即可听到音乐。在这样的过程中，实现了模拟信号与数字信号、数字信号与模拟信号的转换，即 A/D 转换与 D/A 转换。其中，A 表示模拟信号，D 表示数字信号。A/D 转换的意思是把模拟信号转换为数字信号，D/A 转换的意思是把数字信号转换为模拟信号。

　　A/D 转换是什么原理呢？

　　假如有一个直流电压在 0～5V 之间变化，这个电压是连续变化的，这样就会有无数个电压值，这就是模拟信号。如何把它转换成数字信号呢？如果用 1 字节来存储转换出来的电压值，那么可以得到多少个值呢？1 字节最多有 256 个数值，我们以输入的 0～5V 的直流电压的最大值 5V 作为基准，如果把 0～5V 的电压分成 256 级，那么每一级都可以对应一个 8 位的二进制数，其中，级差的电压为 5/256≈0.0195V。A/D 采样表如表 15-1 所示。

表 15-1 A/D 采样表

序　号	电压值（V）	二进制数（十六进制数）	序　号	电压值（V）	二进制数（十六进制数）
1	0	0b00000000(0x00)	5	0.0781	0b00000100(0x04)
2	0.0195	0b00000001(0x01)	…		
3	0.039	0b00000010(0x02)	…		
4	0.0586	0b00000011(0x03)	256	5	0b11111111(0xff)

　　从表 15-1 可以知道，每个二进制数对应一个直流电压，总共有 256 个值。我们只要得到对应的二进制数就可以得到对应的电压值。这样直流电压的变化就转换成了 256 个二进制数，就完成了 A/D 转换。

　　这里有一个问题，如果使用更多位的二进制数来表示模拟电压值，那么所表示的电压更为精确。这就是一个分辨率的问题。转换成的二进制数位数越多，分辨率越高、越精确。但不能无限地增加二进制数的位数，主要是存储空间的限制，另外，在实际的应用中，A/D 转换没有必要很精确，只要达到要求即可。

　　D/A 转换又是怎么回事呢？

　　实际上它是 A/D 转换的逆过程，即把存储空间中的二进制数根据某种规律直接转化为模拟量输出。这个过程需要相应的芯片或者分立电路支持才能实现。

对于单片机来说，有部分增强型单片机内部设置有 A/D 转换与 D/A 转换功能，但对于 AT89S51 单片机这类基础型单片机来说，没有此功能。要实现这个功能，就要外接相应的芯片。下面就来介绍 A/D 转换与 D/A 转换中常见的两种芯片。

一、ADC0832（A/D 转换芯片）

这是一种由美国国家半导体公司生产的 8 位分辨率、双通道 A/D 转换芯片，该芯片使用方便、兼容性好，采用逐次逼近的方式进行转换。

1. ADC0832 的主要特点

（1）电平与 TTL/CMOS 电平兼容。

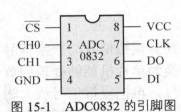

图 15-1 ADC0832 的引脚图

（2）5V 电源供电时，输入电压可以在 0～5V 之间变化。

（3）工作频率为 250kHz，转换时间为 32μs。

（4）功耗低，有多种封装方式，工作温度范围广。

2. ADC0832 的引脚功能

ADC0832 的引脚图如图 15-1 所示，ADC0832 的引脚功能如表 15-2 所示。

表 15-2　ADC0832 的引脚功能

序　号	引脚名称	功能描述
1	$\overline{CS}$	片选使能，低电平有效
2	CH0	模拟输入通道 0
3	CH1	模拟输入通道 1
4	GND	电源地
5	DI	数据信号输入通道选择控制
6	DO	数据信号输出，转换数据输出
7	CLK	时钟输入
8	VCC/VREF	电源/参考电压

3. ADC0832 的工作过程

正常情况下，ADC0832 与单片机的接口应为 4 条数据线，分别是 CS、CLK、DO、DI。但由于 DO 端与 DI 端在通信时并未同时有效并且与单片机的接口是双向的，所以在设计电路时，可以将 DO 和 DI 并联在一条数据线上使用。当 ADC0832 未工作时，其 CS 输入端应为高电平，此时芯片禁用，CLK 和 DO/DI 的电平可任意。当要进行 A/D 转换时，须先将 CS 使能端置于低电平并且保持低电平，直到转换完全结束。此时芯片开始进行转换工作，同时由处理器向芯片的 CLK 端输入时钟脉冲，DO/DI 端则使用 DI 端选择转换通道。在第 1 个时钟脉冲下沉之前，DI 端必须是高电平，表示起始信号。在第 2 个和第 3 个脉冲下沉之前，DI 端应输入 2 位数据用于选择通道功能。当 2 位数据为 "1""0" 时，只对 CH0 进行单通道转换。当 2 位数据为 "1""1" 时，只对 CH1 进行单通道转换。当 2 位数据为 "0""0" 时，将 CH0 作为正输入端 IN+，将 CH1 作为负输入端 IN-进行输入。当 2 位数据为 "0""1" 时，将 CH0 作为负输入端 IN-，将 CH1 作为正输入端 IN+进行输入。到第 3 个脉冲下沉之后，DI 端的输入电平就失去了输入作用，此后 DO/DI 端则开始利用 DO 端进行转换数据的读取。从第 4 个脉冲下沉开始，由 DO 端输出转换数据的最高位 DATA7，随后每一个脉冲下沉，DO

端都输出下一位数据。直到第 11 个脉冲下沉时，发出最低位数据 DATA0，1 字节的数据输出完成。也正是从此位开始输出下一个相反字节的数据，即从第 11 个字节的下沉输出 DATA0。随后输出 8 位数据，到第 19 个脉冲下沉时，数据输出完成，也标志着一次 A/D 转换的结束。将 CS 置高电平，禁用芯片，直接将转换后的数据进行处理就可以了。图 15-2 所示为 ADC0832 的工作时序图。

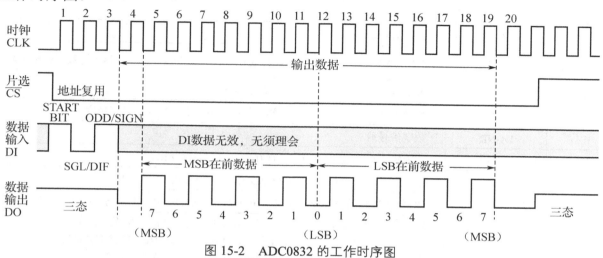

图 15-2 ADC0832 的工作时序图

二、DAC0832（D/A 转换芯片）

DAC0832 是 8 位的 D/A 转换芯片。这个 D/A 转换芯片以其价格低廉、接口简单、转换控制容易等优点，在单片机系统中得到了广泛的应用。D/A 转换器由 8 位输入锁存器、8 位 DAC 寄存器、8 位 D/A 转换电路及转换控制电路构成。

1. DAC0832 的主要参数

（1）分辨率为 8 位。

（2）电流稳定时间为 1μs。

（3）可单缓冲、双缓冲或直接数字输入。

（4）只需要在满量程下调整其线性度。

（5）单一电源供电（+5V～+15V）。

（6）低功耗，功耗为 20mW。

2. DAC0832 的引脚功能

DAC0832 的引脚图如图 15-3 所示，DAC0832 的引脚功能如表 15-3 所示。

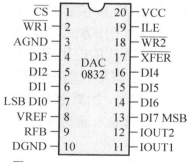

图 15-3 DAC0832 的引脚图

表 15-3　DAC0832 的引脚功能

序　号	引脚名称	功能描述
1	$\overline{\text{CS}}$	片选使能，低电平有效
2	$\overline{\text{WR1}}$	数据锁存器写选通输入线，负脉冲（脉宽应大于 500ns）有效。由 ILE、$\overline{\text{CS}}$、$\overline{\text{WR1}}$ 的逻辑组合产生 LE1，当 LE1 为高电平时，数据锁存器状态随输入数据线变换，在 LE1 负跳变时，将输入数据锁存
3	AGND	模拟信号地
4～7 13～16	DI0～DI7	8 位数据输入线，TTL 电平，有效时间应大于 90ns（否则锁存器的数据会出错）
8	VREF	基准电压输入线，VREF 的范围为-10～+10V
9	RFB	反馈信号输入线，改变 RFB 端外接电阻值可调整转换满量程精度
10	DGND	数字信号地
11	IOUT1	电流输出端 1，其值随 DAC 寄存器的内容线性变化
12	IOUT2	电流输出端 2，其值与 IOUT1 值之和为一个常数
17	$\overline{\text{XFER}}$	数据传输控制信号输入线，低电平有效，负脉冲（脉宽应大于 500ns）有效
18	$\overline{\text{WR2}}$	DAC 寄存器选通输入线，负脉冲（脉宽应大于 500ns）有效。由 $\overline{\text{WR2}}$、$\overline{\text{XFER}}$ 的逻辑组合产生 LE2，当 LE2 为高电平时，DAC 寄存器的输出随寄存器的输入而变化，当 LE2 负跳变时，将数据锁存器的内容送入 DAC 寄存器并开始 D/A 转换
19	ILE	数据锁存允许控制信号输入线，高电平有效
20	VCC	电源输入端，VCC 的范围为+5～+15V

3．DAC0832 的工作方式

根据 DAC0832 的数据锁存器和 DAC 寄存器的不同的控制方式，DAC0832 有 3 种工作方式：单缓冲方式、双缓冲方式和直通方式。

（1）单缓冲方式：单缓冲方式是指控制输入寄存器和 DAC 寄存器同时接收资料，或者只用输入寄存器而把 DAC 寄存器接成直通方式。此方式适用于只有一路模拟量输出或几路模拟量异步输出的情形。

（2）双缓冲方式：双缓冲方式是指先使输入寄存器接收资料，再控制输入寄存器的输出数据到 DAC 寄存器，即分两次锁存输入资料。此方式适用于多个 D/A 转换同步输出的情形。

（3）直通方式：直通方式是指资料不经两级锁存器锁存，即 $\overline{\text{CS}}$、$\overline{\text{XFER}}$、$\overline{\text{WR1}}$、$\overline{\text{WR2}}$ 均接地，ILE 接高电平。此方式适用于连续反馈控制线路和不带微机的控制系统，不过在使用时，必须通过另加 I/O 端口与 CPU 连接，以匹配 CPU 与 D/A 转换。

DAC0832 是采样频率为 8 位的 D/A 转换芯片，集成电路内有两级输入寄存器，使 DAC0832 具备双缓冲、单缓冲和直通 3 种工作方式，以便满足各种电路的需要（如要求多路 D/A 异步输入、同步转换等），所以这个芯片的应用很广泛。DAC0832 的工作方式及内部结构图如图 15-4 所示。D/A 转换结果采用电流形式输出。若需要相应的模拟电压信号，则可以通过一个高输入阻抗的线性运算放大器实现。运算放大器的反馈电阻可以通过 RFB 端引用片内固有电阻，也可以外接。DAC0832 逻辑输入满足 TTL 电平，可以直接与 TTL 电路或微机电路连接。

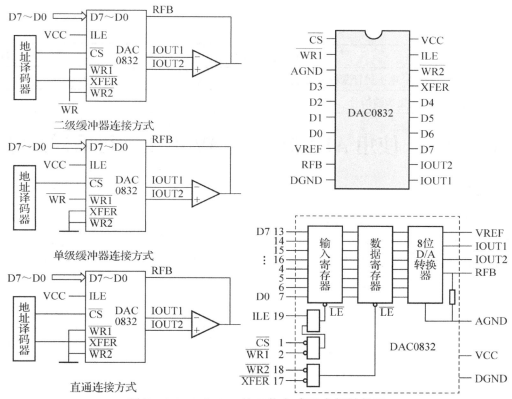

图 15-4 DAC0832 的工作方式及内部结构图

4．DAC0832 的输出电压

如图 15-5 所示，DAC0832 采用直通连接方式输出，输出为 V_{OUT}，则

$$V_{OUT} = -V_{REF} \times D/256$$

式中，$D = 0 \sim 255$。

若 $V_{REF} = -5V$，则 $V_{OUT} = (D \times (5/256)) V$。

若 $V_{REF} = 5V$，则 $V_{OUT} = -(D \times (5/256)) V$。

从上述公式可知，当参考电压为电源电压 5V 时，输出的电压为负电压，即 $-5 \sim 0V$ 之间的值。

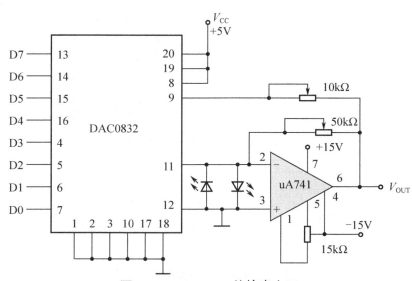

图 15-5 DAC0832 的输出电压

学习流程与活动

步　骤	学习内容与活动	建议学时
1	使用 ADC0832 对 5V 电压进行采样并显示	2
2	使用 DAC0832 产生锯齿波信号	2

学习活动一　使用 ADC0832 对 5V 电压进行采样并显示

 学习目标

1. 能够正确理解 ADC0832 的采样过程。
2. 能够编写正确的采样函数。
3. 能够与 LCD1602 很好地结合使用。

 建议学时

2 学时

 学习准备

使用 Keil μVision4 开发软件和 Proteus7.8 仿真软件进行学习。

 学习过程

一、实例操作

ADC0832 的采样电路图如图 15-6 所示。

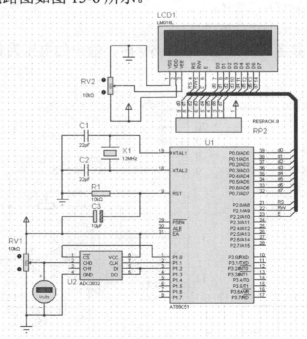

图 15-6　ADC0832 的采样电路图

　　ADC0832 通过通道 0 进行采样，采样电阻是 RV1 电位器，在仿真时，通过调整电位器的中间抽头即可调整输入通道 0 的电压，此电压经过 ADC0832 转换后得到数字信号，此数字信号先经过内部处理再通过 LCD1602 把电压值显示出来。

　　参考程序如下。

```c
#include <reg52.h>
#include <intrins.h>
#define uint unsigned int
#define uchar unsigned char
#define delay4us() {_nop_();_nop_();_nop_();_nop_();}
//------------------------------------定义 LCD 控制信号引脚------------------------------------
sbit RS = P2^0;
sbit RW = P2^1;
sbit E  = P2^2;
//------------------------------------定义 ADC0832 通信引脚------------------------------------
sbit CS  = P1^0;
sbit CLK = P1^1;
sbit DIO = P1^2;
//------------------------------------用于显示的两个字符数组------------------------------------
uchar Display_Buffer[] = "0.00V";
uchar code Line1[] = "Current Voltage：";
//------------------------------------延时子程序------------------------------------
void DelayMS(uint ms)
{
    uchar i;
    while(ms--)
    {
        for(i=0;i<120;i++);
    }
}
//------------------------------------LCD 忙状态检测------------------------------------
bit LCD_Busy_Check()
{
    bit result;
    RS = 0;
    RW = 1;
    E= 1;
    delay4us();
    result = (bit)(P0&0x80);
    E = 0;
    return result;
}
//------------------------------------写LCD命令------------------------------------
void LCD_Write_Command(uchar cmd)
{
    while(LCD_Busy_Check());             //判断 LCD 是否忙碌
    RS = 0;
    RW = 0;
```

```
        E= 0;
        _nop_();_nop_();
        P0 = cmd;delay4us();
        E =1;
        delay4us();
        E = 0;
}
//--------------------------------------------------设置显示位置------------------
void Set_Disp_Pos(uchar pos)
{
        LCD_Write_Command(pos | 0x80);
}
//--------------------------------------------------写LCD数据--------------------
void LCD_Write_Data(uchar dat)
{
        while(LCD_Busy_Check());
        RS = 1;
        RW = 0;
        E= 0;
        P0 = dat;
        delay4us();
        E = 1;
        delay4us();
        E = 0;
}
//--------------------------------------------------LCD初始化--------------------
void LCD_Initialise()
{
        LCD_Write_Command(0x38);
        DelayMS(1);
        LCD_Write_Command(0x0c);
        DelayMS(1);
        LCD_Write_Command(0x06);
        DelayMS(1);
        LCD_Write_Command(0x01);
        DelayMS(1);
}
//--------------------------------------------------获取A/D转换数据--------------
uchar Get_AD_Result()
{
        uchar i,dat1=0,dat2=0;
        CS   = 0;
        CLK = 0;
        DIO = 1;
        _nop_(); _nop_();
        CLK = 1;
        _nop_(); _nop_();
        CLK = 0;                                   //第一个脉冲下沉
```

```
        DIO = 1;
        _nop_(); _nop_();
        CLK = 1;
        _nop_(); _nop_();
        CLK = 0;                        //第二个脉冲下沉
        DIO = 1;
        _nop_(); _nop_();               /*第二、三个脉冲下沉前，若 DIO=1，则选择通道 CH1；
                                           若 DIO=0，则选择通道 CH0*/
        CLK = 1;
        DIO = 1;
        _nop_(); _nop_();
        CLK = 0;                        //第三个脉冲下沉
        DIO = 1;
        _nop_(); _nop_();
        for(i=0;i<8;i++)
        {
            CLK = 1;
            _nop_(); _nop_();
            CLK = 0;
            _nop_(); _nop_();
            dat1 = dat1 << 1 | DIO;
        }
        for(i=0;i<8;i++)
        {
            dat2 = dat2 | ((uchar)(DIO)<<i);
            CLK = 1;
            _nop_(); _nop_();
            CLK = 0;
            _nop_(); _nop_();
        }
    CS = 1;
    return (dat1 == dat2) ? dat1:0;     //若两个数相等，则返回 dat1，否则返回 0
}

void main()
{
    uchar i;
    uint d;
    LCD_Initialise();
    DelayMS(10);
    while(1)
    {
        d = Get_AD_Result()*500.0/255;
        //将 d 即 A/D 转换的数据分解为 3 个数位
        Display_Buffer[0]=d/100+'0';
        Display_Buffer[2]=d/10%10+'0';
        Display_Buffer[3]=d%10+'0';
        Set_Disp_Pos(0x01);
```

```
        i = 0;
        while(Line1[i]!='\0')
        {
            LCD_Write_Data(Line1[i++]);
        }

        Set_Disp_Pos(0x46);
        i = 0;
        while(Display_Buffer[i]!='\0')
        {
            LCD_Write_Data(Display_Buffer[i++]);
        }

    }
}
```

二、参考程序的关键点

1．ADC0832 通信线路的连接特点

因为 ADC0832 的 DI 线与 DO 线不是同时使用的，DI 线只使用了前三个 CLK 脉冲，从第四个脉冲开始即可读取转换的数据，所以 DI 线与 DO 线可以连接在一起。

2．ADC0832 数据转换的特点

在读取 ADC0832 的转换数据前，必须用第二个和第三个 CLK 脉冲把转换通道的选择确定下来，DIO=0 时，选通道 CH0；DIO=1 时，选通道 CH1。这里需要特别注意时序的关系，必须严格遵守。

3．显示转换数据的方法

显示转换数据时，采用一个字符数组来实现，先定义一个字符数组：uchar　Display_Buffer[] = "0.00V";，然后在读出数据后改变此数组的第 0、2、3 位即可。在改变之前必须先分解转换的数据。

```
Display_Buffer[0]=d/100+'0';
Display_Buffer[2]=d/10%10+'0';
Display_Buffer[3]=d%10+'0';
```

这里"+'0'"的作用就是把数据转换成 LCD 能够显示对应的 ASCII 码。

三、请同学们上机练习

 评价与分析

通过本次学习活动，能够正确理解 I^2C 总线的读取时序，能够正确编写 I^2C 总线的读取子函数，能够理解 24C0X 系列存储芯片的读/写地址变化，能够正确理解 ADC0832 的采样过程，能够编写正确的采样函数，能够与 LCD1602 很好地结合显示，开展自评和教师评价，填写表 15-4。

表 15-4 活动过程评价表

班　级			姓　名		学　号			日　期			
序　号	评价要点					配分/分	自　评	教师评价		总　评	
1	能够正确设置 ADC0832 的通道选择					10					
2	能够正确编写 ADC0832 的 A/D 转换程序					10					
3	能够完成整个程序的编写					10					
4	能够完成程序的仿真					10				A	
5	能够理解 DO 线与 DI 线连接在一起的原因					10				B	
6	能够理解 LCD1602 显示转换结果的方法					10				C	
7	能够理解 ADC0832 转换的时序					10				D	
8	掌握 "＋ '0'" 的作用					10					
9	懂得程序的调试方法					10					
10	能够与同组成员共同完成任务					10					
小结与建议				合　计		100					

注：总评档次分配包括 0～59 分（D 档）；60～74 分（C 档）；75～84 分（B 档）；85～100 分（A 档）。
根据合计的得分，在相应的档次上打钩。

学习活动二　使用 DAC0832 产生锯齿波信号

学习目标

1. 能够正确选用 DAC0832 的工作方式。
2. 能够正确设置 DAC0832 与单片机连接时的地址。
3. 能够正确编写程序。

建议学时

2 学时

学习准备

使用 Keil μVision4 开发软件和 Proteus7.8 仿真软件进行学习。

学习过程

一、任务介绍

本任务通过 DAC0832 把 0～255 这 256 个数字转换成模拟电压输出，形成锯齿波。
产生锯齿波的电路图如图 15-7 所示。

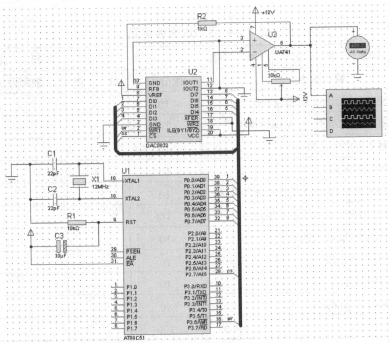

图 15-7   产生锯齿波的电路图

【任务分析】

本次实验采用单缓冲模式将 DAC0832 与单片机相连, 其中, 若将 P2.7 作为 DAC0832 的片选信号, 则可以得到 DAC0832 的地址是: 0x7fff。XFER、WR2 接地, WR1 接到单片机的引脚 P3.6 (WR)。使用单片机的写地址功能。

根据以上分析可以得到以下参考程序。

```c
#include <reg52.h>
#include <absacc.h>
#define   uint   unsigned   int
#define   uchar   unsigned   char
#define   DAC0832   XBYTE[0x7fff]

void DelayMS(uint ms)
{
    while(ms--);
}

void main()
{
    uchar i;
    while(1)
    {
        for(i=0;i<256;i++)
        {DAC0832 = i;DelayMS(1);}
    }
}
```

本次任务的关键点如下。

（1）DAC0832 地址的确定。

单片机在使用地址复用功能时，通过 P0 口输出地址的低 8 位，通过 P2 口输出地址的高 8 位。对于有片选功能的外部元件，基本使用 P2 口的某个引脚连接到外部元件的片选引脚。如果是引脚 P2.7 连接到了片选引脚，那么该外部元件的地址为 0x7fff。因为片选信号低电平有效，所以只要保证引脚 P2.7 为低电平即可，对于 P2 口的其他引脚，则可以不用管它们电平的高低，不过一般情况下都把它们假设为高电平，由此 DAC0832 的地址就是 0x7fff。

（2）锯齿波频率调节。

参考程序如下。

```
for(i=0;i<256;i++)
{DAC0832 = i;DelayMS(1);}
```

锯齿波频率只需要调整 DelayMS(1)延时函数的延时长短就可以了。

示波器显示的锯齿波如图 15-8 所示。

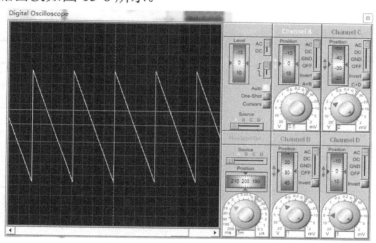

图 15-8　示波器显示的锯齿波

二、请同学们上机练习

三、拓展练习

在上述功能的基础上，如何产生三角波呢？请同学们认真思考，并把程序写出来。

三角波的形状如图 15-9 所示。

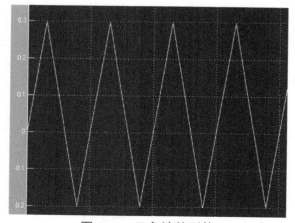

图 15-9　三角波的形状

✎ **评价与分析**

通过本次学习活动，能够正确理解 I^2C 总线的读取时序，能够正确编写 I^2C 总线的读取子函数，能够理解 24C0X 系列存储芯片的读/写地址变化，能够正确选用 DAC0832 的工作方式，能够正确设置 DAC0832 与单片机连接时的地址，能够正确编写程序，开展自评和教师评价，填写表 15-5。

表 15-5 活动过程评价表

班　级		姓　名		学　号			日　期	
序　号	评价要点			配分/分	自　评	教师评价	总　评	
1	能够正确理解 DAC0832 的地址			10				
2	能够正确编写产生锯齿波的程序			10				
3	能够通过仿真电路仿真程序			10				
4	能够完成拓展练习			10			A	
5	掌握 DAC0832 的引脚功能			10			B	
6	理解三角波的特性			10			C	
7	仿真时懂得如何调节示波器			10			D	
8	懂得调节锯齿波的频率			10				
9	理解锯齿波产生的原理			10				
10	能够与同组成员共同完成任务			10				
小结与建议			合计	100				

注：总评档次分配包括0~59分（D档）；60~74分（C档）；75~84分（B档）；85~100分（A档）。
根据合计的得分，在相应的档次上打钩。

任务十六 时间片轮询结构

任务目标

1. 了解顺序结构存在的问题。
2. 理解时间片轮询结构的工作原理。
3. 掌握 RTX51 Tiny 的使用方法。

任务内容

在学习时间片轮询结构之前，先来看看原先的编程模式：主函数+中断的形式。主函数顺序执行各种任务，中断处理突发事件。一般情况下，这种模式可以解决很多问题。不过在有很多任务时，顺序执行会出现一些问题，比如，会错过某些任务，造成系统运行不稳定。如何解决这个问题呢？

在此提出一个时间片轮询结构。

具体如下。

假设有 n 个任务要执行，每个任务都有不同的功能，任务执行的时间长短不一样，为了让这些任务能够协同工作，采用分时间片的方式让它们轮流执行。比如，任务 1 分配的时间为 10ms，任务 2 分配的时间为 15ms，任务 3 分配的时间为 20ms。使用定时器 0 产生一个 1ms 的定时，当定时达到 10ms 时，执行任务 1；当定时达到 15ms 时，执行任务 2；当定时达到 20ms 时，执行任务 3。再次循环执行，如此就可以实现分时间片执行各个任务了。

目前，在时间片轮询结构中，较为成熟的操作系统是 RTX51 Tiny，通常使用它来开发时间片轮询结构程序。

一、RTX51 Tiny 的介绍

RTX51 Tiny 是一种实时操作系统，可以用来建立多个任务同时执行的应用。它是一个功能强大的实时操作系统，且简单易用。它可以用于 8051 系列的单片机。

RTX51 Tiny 的程序用标准的 C 语言构造，由 Keil C51 编译器编译。用户可以很容易地定义任务函数。不需要进行其他的复杂配置，只需要包含一个指导的头文件（rtx51tny.h）。

RTX51 Tiny 对系统的要求如表 16-1 所示。

表 16-1 RTX51 Tiny 对系统的要求

参 数	范 围
最大任务数	16
最大活动任务数	16
代码空间需求	最大 900B
数据空间需求	7B
栈空间需求	每个任务 3B
外部 RAM 需求	0B

续表

参　数	范　围
定时器	T0
系统时钟因子	1000～65535
中断等待	20 个周期或更少
上下文切换时间	100～700 个周期

二、RTX51 Tiny 的原理介绍

1．用定时器产生滴答中断

RTX51 Tiny 用标准 8051 单片机的定时器 T0（工作方式 1）产生一个周期性的中断，这个中断就是 RTX51 Tiny 的定时滴答（简称滴答）。这是整个操作系统运行的时间基础。该操作系统的库函数中的超时时间和时间间隔就是基于该滴答来测量的。

默认情况下，每 10000 个机器周期产生一个滴答中断，对于标准 8051 单片机来说，若使用 12MHz 晶振，则滴答周期为 0.01s，频率为 100Hz。该值可以在配置文件 CONF_TNY.A51 中修改。

2．任务

RTX51 Tiny 通过一个一个的任务（函数）来实现各种功能，它本质上是一个任务切换器。每个任务有几种状态（运行、就绪、等待、删除、超时），这些任务都在这几种状态之间切换，每个时刻只有一个任务运行，其他任务则处于另外的几种状态。

3．任务管理

表 16-2 所示为任务的各种状态的描述。

表 16-2　任务的各种状态的描述

状　态	描　述
运行	正在运行的任务处于运行状态。任何时刻都只能有一个任务处于该状态
就绪	准备运行的任务处于就绪态，一旦运行的任务运行结束，RTX51 Tiny 就会选择一个就绪的任务来运行
等待	正在等待一个事件的任务处于等待态，一旦发生事件，任务就切换到就绪态
删除	没有被启动或已被删除的任务处于删除态。用 os_delete_task()函数来删除任务
超时	被超时循环中断的任务处于超时态。在循环任务中，该状态相当于就绪态

因为 RTX51 Tiny 的任务没有优先级，而且通过分配时间片来轮流执行任务，所以就绪的任务或超时的任务都是排队等待执行的。

4．事件

在实时操作系统中，事件可以被用来控制任务的执行。一个任务可以等待一个事件或设置其他任务的时间标志。函数 os_wait()允许一个任务等待一个或两个事件。事件主要有时间间隔、信号、超时。事件的描述如表 16-3 所示。

表 16-3　事件的描述

事　件	描　述
K_IVL	时间间隔
K_SIG	信号
K_TMO	超时

os_wait()函数可以等待以上事件的组合。例如：

K_SIG|K_TMO：同时等待信号和超时事件。

K_SIG|K_IVL：同时等待信号和时间间隔事件。

os_wait()函数的返回值如表16-4所示。

表16-4 os_wait()函数的返回值

返 回 值	描 述
RDY_EVENT	任务的就绪标志被置位
SIG_EVENT	接收到一个信号
TMO_EVENT	发生超时或者时间间隔事件

5. 任务调试

任务运行时如果满足下列条件，那么当前任务被中断。

（1）任务调用 os_switch_task()函数，且另外有一个任务准备就绪。该函数可以实现直接的任务切换，直接把当前运行的任务切换为就绪的任务。

（2）任务调用 os_wait()函数，且指定的事件没有发生，此时当前任务处于等待状态。

（3）任务执行时间大于定义的时间片轮询时间。比如时间片被定义为50ms，当前任务执行50ms后，操作系统强制它停止运行，任务处于超时状态，等待下一次的时间片到来。

6. 任务调度

任务调度参考程序如下。

```
#include<rtx51tny.h>
int counter0,counter1;
void job0(void) _task_ 0
{
    os_create(1);
    while(1)
    {
        counter0++;
    }
}
void job1(void) _task_ 1
{
    while(1)
    {
    counter1++;
    }
}
```

以上程序中的 job0 和 job1 两个任务，先执行 job0，然后在 job0 中创建 job1，最后 job0 进入无限循环，永不退出。假如时间片被定为50ms，则它运行50ms后，切换到 job1 运行，job0 处于超时态，当 job1 运行50ms后，切换到 job0 运行，job1 处于超时态，这样两个任务交替运行，不停地切换。

7. 空闲任务

当没有任务就绪时，RTX51 Tiny 执行空闲任务，空闲任务实际上是一个简单的死循环。

它不做任何事情。什么时候才会进入空闲任务的运行呢？如上面的例子，加入了 os_wait()函数后，情况就不一样了。

```
#include<rtx51tny.h>
int counter0,counter1;
void job0(void) _task_ 0
{
    os_create(1);
    while(1)
    {
        counter0++;
        os_wait2(K_TMO,10);        //等待 10 个滴答，若 1 个滴答为 10ms，则总时间为 100ms
    }
}
void job1(void) _task_ 1
{
    while(1)
    {
        counter1++;
        os_wait2(K_TMO,15);        //等待 15 个滴答，若 1 个滴答为 10ms，则总时间为 150ms
    }
}
```

job0 加入了 os_wait2(K_TMO,10），job1 加入了 os_wait2(K_TMO,15）；当 job0 运行到 os_wait2(K_TMO,10);时，会切换到 job1 运行，并且要等待 100ms 后才能再次运行，当 job1 运行到 os_wait2(K_TMO,15);时，会暂停运行 job1，但此时 job0 处于等待态，等待的时间还没有到，它不能运行，RTX51 Tiny 执行空闲任务，直到 job0 成为就绪态后，才执行 job0。同样的道理，job1 也会进行同样的处理。

8．中断的使用

RTX51 Tiny 不仅可以使用中断，而且不管理中断，中断的使用过程就像没有使用 RTX51 Tiny 时一样。不过中断的初始化需要在任务中进行。因为 RTX51 Tiny 已经使用了定时器 T0 作为滴答的产生器，所以最好不要再使用 T0 中断。

在 RTX51 Tiny 中有两个函数是可以在中断中使用的，这两个函数是 isr_send_signal()和 isr_set_ready()。这两个函数专门在中断服务函数中使用。

9．C51 的库函数的使用

C51 的库函数可以在 RTX51 Tiny 中无限制地使用。

三、RTX51 Tiny 的函数

1．char isr_send_signal(unsigned char task_id);

isr_send_signal()函数向任务 task_id 发送一个信号，task_id 为任务号。调用它很容易，比如给任务 2 发送一个信号，只需要调用 isr_send_signal(2);即可，如果此时任务 2 正好在等待信号，那么任务 2 会转变成就绪态。这个函数必须在中断服务函数中使用。

2．char isr_set_ready(unsigned char task_id);

isr_set_ready()函数将任务 task_id 设置为就绪态。若把任务 2 设置为就绪态，则只要调用

isr_set_ready(2);即可。

3. char os_clear_signal(unsigned char task_id);

该函数的作用是清除任务 task_id 的信号标志。当一个任务在等待一个信号时，如果得到了信号，那么该任务变成了就绪态，此时应该使用该函数的清除信号标志。

4. char os_create_task(unsigned char task_id);

该函数用于创建编号为 task_id 的任务，任务被设置为就绪态，只要有机会，任务就会被运行。其中，task_id 就是创建的任务号。

5. char os_delete_task(unsigned char task_id);

该函数用于删除编号为 task_id 的任务。即把该任务转变成删除态，并不是真正的删除，只是把它剔出运行队列，处于删除态的任务是不可以运行的。

6. void os_reset_interval(unsigned char ticks);

os_reset_interval()函数是为纠正定时器在 os_wait()函数中同时等待时间间隔（K_IVL）和信号（K_SIG）时，出现"如果是一个信号导致 os_wait()函数退出的，那么时间间隔不会被调整，以后再调用 os_wait()函数时，可能不会延迟所要求的时间"的问题，重置以后就可以了。例如，

```
#include<rtx51tny.h>
void task_func(void) _task_ 4
{
    switch(os_wait2(K_SIG|K_IVL,100)
    {
        case TMO_EVENT：break;
        case SIG_EVENT：os_reset_interval(100);
                            break;
    }
}
```

在上面的程序中，os_wait2()函数在等待两个事件：一个是信号，一个是时间间隔。时间间隔时长为 100 个滴答，若由信号导致 os_wait2()函数退出，则后面再调用 os_wait2()函数时，时间间隔可能不会是 100 个滴答，所以为了达到 100 个滴答，在信号引起 os_wait2()函数退出后，使用 os_reset_interval(100)函数来重置一下，后面再调用 os_wait2()函数时，等待的时间间隔就是 100 个滴答了。

7. char os_running_task_id(void);

该函数用于检测当前正在运行的任务号。因 RTX51 Tiny 管理的最大任务数为 16，由此调用此函数后，返回值范围为 0～15。

8. char os_send_signal(char task_id);

该函数向任务（task_id 指向的任务）发送一个信号，如果指定的任务已经在等待这个信号，那么本函数会把任务置为就绪态准备运行。

9. char os_set_ready(unsigned char task_id);

该函数把任务 task_id 设置为就绪态。

10. char os_switch_task(void);

该函数使调用它的任务停止运行，并立刻切换到另外一个就绪的任务运行。若没有其他就绪的任务，则调用它的任务继续运行。这里的切换任务并没有指定哪个任务，会从就绪队列中最早就绪的任务开始运行。

11．char os_wait(unsigned char event_sel,unsigned char ticks,unsigned int dummy);

其中，event_sel 为事件，有时间间隔（K_IVL）、超时（K_TMO）、信号（K_SIG），事件可以是组合，比如信号与时间间隔组合，信号与超时组合，但不能有时间间隔与超时组合。

ticks 为指定的时间间隔（K_IVL）或（K_TMO）。

dummy 参数是为了与 RTX51full 兼容而设置的，在此设为 0 即可。

12．char os_wait1(unsigned char event_sel);

该函数是 os_wait()函数的子集，它只等待信号事件。

13．char os_wait2(unsigned char event_sel,unsigned char ticks);

该函数与 os_wait()函数相似，只是把 dummy 参数去掉而已。

四、RTX51 Tiny 的设置

在使用 RTX51 Tiny 时，要对\keil\c51\rtxtiny2 中的 CONF_TNY.A51 文件进行配置。配置内容主要有以下几项。

（1）指定时钟节拍中断间隔，即滴答的长度。

INT_CLOCK 指定中断的滴答长度，一般情况下，滴答的长度不需要修改，使用默认的10ms 即可，即 INT_CLOCK 10000。这个滴答长度可以在 1000～65535 之间设置。

（2）时间片。

TIMESHARING 指定 RTX51 Tiny 每个任务运行的时间片，时间片默认为 5，即 5 个滴答长度，为 50ms，这个时间片是每个任务运行的最长时间，到达时间后，RTX51 Tiny 被强制切换到其他就绪的任务。当然，如果任务中调用了 os_wait()函数、os_wait1()函数、os_wait2()函数，那么任务会被切换到就绪的任务运行，原任务被挂起，这样原任务运行的时间片可能达不到 50ms。

（3）长中断服务程序。

一般在设计中断服务函数时，应该尽可能快速地处理完成，一般情况下，使用默认值就可以了。

（4）其他参数都可以使用默认值。

五、RTX51 Tiny 的使用

1．使用规则

（1）确保包含了 RTX51TNY.H 头文件，如#include<rtx51tny.h>。

（2）不要编写 main 函数，RTX51 Tiny 有自己的 main 函数。

（3）程序中必须至少包含一个任务函数。

（4）程序中必须至少调用一个 RTX51 Tiny 库函数（13 个库函数之一）。

（5）任务 0 是执行第一个的任务，必须在任务 0 中创建其他任务。

（6）任务函数必须处于循环运行中，不返回。

（7）在 Keil μVision 中，操作系统指定使用 RTX51 Tiny。

2．任务定义

RTX51 Tiny 最多支持 16 个任务。任务定义需要用到关键字 _task_ 声明，例如：

```
void  func(void)  _task_  task_id
{}
```

func 为函数名，由用户自定。task_id 为任务号，从 0 开始编号，最大为 15。

参考程序如下。

```
void job0(void) _task_ 0
{
    while(1)
    {
        counter0++
    }
}
```

 学习流程与活动

步　　骤	学习内容与活动	建议学时
1	使用 RTX51 Tiny 实现两个 LED 以不同的频率闪烁	2
2	使用 RTX51 Tiny 实现流水灯与数码管倒计时结合	2

学习活动一　使用 RTX51 Tiny 实现两个 LED 以不同的频率闪烁

 学习目标

1. 能够正确设置 RTX51 Tiny。
2. 能够编写正确的任务函数。
3. 理解任务之间的调度原理。

 建议学时

2 学时

 学习准备

使用 Keil μVision4 开发软件和 Proteus7.8 仿真软件进行学习。

 学习过程

一、实例操作

使用 RTX51 Tiny 实现两个 LED 以不同频率的闪烁。驱动两个 LED 的电路图如图 16-1 所示。

【分析】

根据要求，要实现两个 LED 以不同的频率闪烁，就要建立两个不同的任务，一个任务用于驱动 LED1 闪烁，一个任务用于驱动 LED2 闪烁。在每个任务中都使用 os_wait()函数实现延时，只要等待的时间不一样，就可以实现两个 LED 以不同的频率闪烁。

编写程序。

（1）设置 CONF_TNY.A51 文件。

把此文件复制到自己的工程目录下，因为该任务简

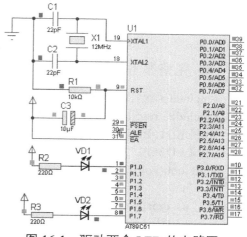

图 16-1　驱动两个 LED 的电路图

单，对时间要求不严格，所以我们对此文件不做任何修改，保持默认值。

（2）编写程序。

① 把头文件 rtx51tny.h 和 reg51.h 包含到 C51 文件中。

② 在设置中指定操作系统为 RTX51 Tiny。设置操作系统界面如图 16-2 所示。

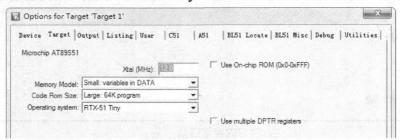

图 16-2　设置操作系统界面

在"Operating system"选择框中选择"RTX-51 Tiny"，即指定了操作系统。

③ 编写任务 0。

```
void   job0(void) _task_  0
{
    os_create_task(1);              //在任务 0 中创建任务 1
    LED1=LED2=1;                    //将两个 LED 初始化为高电平输出，即熄灭状态
    while(1)
    {
        LED1=~LED1;                 //取反操作，使 LED 状态改变
        os_wait(K_TMO,100,0);       //等待约 1s 时间
    }
}
```

④ 编写任务 1。

```
void   job1(void) _task_  1
{
    while(1)
    {
        LED2=~LED2;                 //使 LED2 的状态变化
        os_wait(K_TMO,30,0);        //等待约 300ms
    }
}
```

⑤ 完整参考程序。

```
#include <rtx51tny.h>
#include <reg51.h>
sbit LED1=P1^0;
sbit LED2=P1^7;
void job0(void) _task_ 0
{
    os_create_task(1);
    LED1=LED2=1;
    while(1)
```

```
        {
            LED1=~LED1;
            os_wait(K_TMO,100,0);
        }
    }
    void job1(void) _task_ 1
    {
        while(1)
        {
            LED2=~LED2;
            os_wait(K_TMO,30,0);
        }
    }
```

在该程序中，关键点在于：

● 把头文件 RTX51tny.h 包含到 C 文件中。

● 编写任务函数时，从 0 开始编号，在任务 0 中创建其他任务。

● 利用 os_wait()函数实现延时，不要再采用以前的 delay()函数。

二、请同学们上机练习

 评价与分析

通过本次学习活动，了解顺序结构存在的问题，理解时间片轮询结构的工作原理，掌握操作系统 RTX51 Tiny 的使用，能够正确设置 RTX51 Tiny，能够编写正确的任务函数，理解任务之间的调度原理，开展自评和教师评价，填写表 16-5。

表 16-5　活动过程评价表

班　　级		姓　　名		学　　号			日　　期	
序　　号		评价要点		配分/分	自　评	教师评价	总　评	
1		能够正确设置 CONF_TNY.A51		10				
2		能够正确编写任务函数		10				
3		能够完成整个程序的编写与仿真		10				
4		能够理解时间片轮询结构的原理		10				
5		掌握 RTX51 Tiny 的 13 个函数		10			A	
6		能够理解任务的几种状态		10			B	
7		能够理解事件的含义，并灵活应用		10			C	
8		掌握程序任务切换的原理		10			D	
9		懂得在 Keil μVision4 软件中启用 RTX51 Tiny 系统的方法		10				
10		能够与同组成员共同完成任务		10				
小结与建议			合计	100				

注：总评档次分配包括 0～59 分（D 档）；60～74 分（C 档）；75～84 分（B 档）；85～100 分（A 档）。
根据合计的得分，在相应的档次上打钩。

学习活动二 使用 RTX51 Tiny 实现流水灯与数码管倒计时结合

 学习目标

1. 能够正确设置 RTX51 Tiny 工程。
2. 能够灵活建立任务函数。

 建议学时

2 学时

 学习准备

使用 Keil μVision4 开发软件和 Proteus7.8 仿真软件进行学习。

学习过程

一、任务介绍

本任务实现四位数的倒计时与 8 个 LED 的流水灯功能。数码管控制与流水灯电路图如图 16-3 所示。

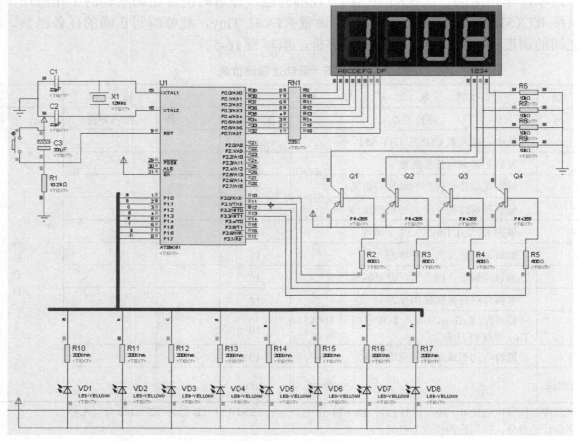

图 16-3 数码管控制与流水灯电路图

【分析】

倒计时与流水灯是两种不同的功能，可以分别以一个任务来实现，任务 0 用于实现倒计时功能，任务 1 用于实现流水灯功能，任务中需要用到延时的部分全部用 os_wait()函数代替，参考程序如下。

任务 0 的参考程序如下。

```
void count_down(void) _task_ 0
{
    int ctime;                          //-32768～+32767
    uchar b,c;
    os_create_task(1);
    while(1)
    {
        for(ctime=2010;ctime>=0;ctime--)
        {
            utime[0]=ctime%10;          //个位
            utime[1]=ctime%100/10;      //十位
            utime[2]=ctime/100%10;      //百位
            utime[3]=ctime/1000;        //千位
            for(c=0;c<=10;c++)   //这层循环的目的是跟内层的 for 循环一起实现延时 1s 的效果
                for(b=0;b<=3;b++)
                {
                    P0=led[utime[b]];
                    P3=ledw[b];
                    os_wait(K_TMO,1,0);
                    P0=P3=0xff;          //必须加上消隐，否则不能正常显示
                }
        }
    }
//    while(1);
}
```

任务 1 的参考程序如下。

```
void  running_light(void) _task_ 1
{
    while(1)                            //无限循环
    {
        P1=0XFE;
        os_wait(K_TMO,50,0);
        P1=0XFD;
        os_wait(K_TMO,50,0);
        P1=0XFB;
        os_wait(K_TMO,50,0);
        P1=0XF7;
        os_wait(K_TMO,50,0);
        P1=0XEF;
        os_wait(K_TMO,50,0);
        P1=0XDF;
```

```
                os_wait(K_TMO,50,0);
                P1=0XBF;
                os_wait(K_TMO,50,0);
                P1=0X7F;
                os_wait(K_TMO,50,0);
        }
}
```

整个参考程序如下。

```
#include<rtx51tny.h>
#include<reg52.h>
#define uchar unsigned char
#define uint   unsigned int
uchar code led[]={0xc0,0xf9,0xa4,0xb0,0x99,0x92,0x82,0xf8,0x80,0x90};
uchar code ledw[]={0xf7,0xfb,0xfd,0xfe};
uchar utime[4];

void   count_down(void)  _task_   0
{
       int ctime;                          //-32768~+32767
       uchar b,c;
       os_create_task(1);
       while(1)
       {
            for(ctime=2010;ctime>=0;ctime--)
            {
                utime[0]=ctime%10;          //个位
                utime[1]=ctime%100/10;      //十位
                utime[2]=ctime/100%10;      //百位
                utime[3]=ctime/1000;        //千位
                for(c=0;c<=10;c++)          //这层循环目的是跟内层的 for 循环一起实现延时 1s 的效果
                    for(b=0;b<=3;b++)
                    {
                        P0=led[utime[b]];
                        P3=ledw[b];
                        os_wait(K_TMO,1,0);
                        P0=P3=0xff;          //必须加上消隐，否则不能正常显示
                    }
            }
       }
//     while(1);
}
void   running_light(void)  _task_   1
{
       while(1)                            //无限循环
       {
                P1=0XFE;
                os_wait(K_TMO,50,0);
                P1=0XFD;
                os_wait(K_TMO,50,0);
                P1=0XFB;
```

```
              os_wait(K_TMO,50,0);
              P1=0XF7;
              os_wait(K_TMO,50,0);
              P1=0XEF;
              os_wait(K_TMO,50,0);
              P1=0XDF;
              os_wait(K_TMO,50,0);
              P1=0XBF;
              os_wait(K_TMO,50,0);
              P1=0X7F;
              os_wait(K_TMO,50,0);
          }

    }
```

本次任务的关键点如下。

（1）使用 os_wait()函数时，延时时间是多长呢？比如 os_wait(K_TMO,1,0)，因为没有修改 CONF_TNY.A51，所以滴答的时间为 10ms，而 os_wait()函数中等待的就是以滴答为单位的延时时间。os_wait(K_TMO,1,0)延时 1 个滴答的时间，即 10ms，os_wait(K_TMO,50,0)延时 50 个滴答的时间，即 500ms。

（2）全局变量的使用方法与没有采用 RTX51 Tiny 操作系统是一样的用法。

（3）在任务函数中，可以任意定义局部变量。

二、请同学们上机练习

 评价与分析

通过本次学习活动，能够正确设置 RTX51 Tiny 工程，能够灵活建立任务函数，开展自评和教师评价，填写表 16-6。

表 16-6　活动过程评价表

班　级		姓　名		学　号			日　期	
序　号	评价要点				配分/分	自　评	教师评价	总　评
1	能够正确设置指定操作系统				10			
2	进一步学会使用 os_wait()函数				10			
3	能够理解任务的切换方法				10			
4	掌握数码管显示任务的编写方法				10			
5	掌握流水灯任务的编写方法				10			A
6	理解全局变量的定义				10			B
7	理解局部变量的定义				10			C
8	理解 os_wait()函数等待的滴答的时间含义				10			D
9	理解数码管显示中消隐的作用				10			
10	能够与同组的成员共同完成任务				10			
小结与建议			合计		100			

注：总评档次分配包括 0～59 分（D 档）；60～74 分（C 档）；75～84 分（B 档）；85～100 分（A 档）。
根据合计的得分，在相应的档次上打钩。